让日常阅读成为砍向我们内心冰封大海的斧头。

以为自己
没关系

〔韩〕梁在镇 〔韩〕梁在雄 著 蔡佩君 译

国文出版社
·北京·

心中那些看不见的伤

每个人活着，都有自己的烦恼。

尽管看起来这世上不幸的好像只有自己，

不过其实也有很多人，有着跟你一样的烦恼。

低自尊、不明朗的未来、与家人的不和谐、

职场压力、恋人之间的伤痕……

这些是每个人都曾遭遇过的问题。

然而起初轻微不起眼的情绪，

随着时间的流逝，渐渐成为心里的疙瘩。

最后使得内心生病，

夺走了继续在这世界好好生存的勇气。

对身上微小的伤口反应敏感，

都是源自先前忽视了的内心痛苦。

虽说现在人们已经不再对精神健康医学怀抱偏见，

但是仍然有许多人，害怕踏出接受治疗的第一步。

由于无法意识到自己需要接受帮助，

连伸手求援都做不到，日复一日活在痛苦之中。

本书以真实案例为基础，

收录了精神科医师针对每个人都可能遇到的心理问题，

所给出的实用建议。

包含了有关自尊、不安全感、未来、兴趣等的内在问题，

以及家人、朋友、职场、恋人关系间会经历的摩擦
等相关的故事。

如果你还没有勇气踏入精神科，
如果你因为某个人不知分寸的建议而受到更大的伤害，
希望你能够继续阅读下去。

把它当成自己的故事感受，
虽然埋藏在深处的伤口可能会再度泛红，
但是最终，
你一定可以用不同的眼光，看待自己与这个世界。

现在，让我们开始"心理咨询"吧！

目录

Contents

第 1 部分
被世界绑架，仿佛无法看见自己

自我意识过剩 # 自我欺骗 # 被肯定的需求 # 自我实现 # 自恋性伤害
情绪距离 # 经济独立 # 后设认知 # 自我接受

第 3 章　未来｜可以烦恼未来，但不要陷入绝望

第 4 章　关注｜想得到所有人的喜爱，是一种本能

第 2 部分
找不到自己与他人之间的心理平衡

第 6 章　朋友｜聪明的选择，绝交或关心

#无力感 #自我厌恶 #边缘型人格倾向 #害怕被抛弃
#换气的效果 #善良的大人 #伪装出来的我 #态度的价值

第 7 章　职场｜不要牺牲奉献，也不要落荒而逃

#职业的意义 #倦怠症 #主管的角色 #非语言信息
#大脑的安全机制 #被动攻击 #反社会人格障碍 #自恋型人格障碍

第 8 章 恋爱 | 千万不可以爱到讨厌自己

\# 欲擒故纵 \# 约会暴力 \# 偏执型人格障碍 \# 拯救幻想
\# 回避型人格障碍 \# 安全离开 \# 恋爱的结果

第 1 部分

被世界绑架，
仿佛无法看见自己

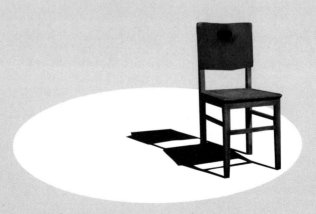

第 1 章

自尊

不管是谁，都无法满足自己

人生要放远来看，
没有人知道十年、二十年后的自己会是什么样子。
当下来自他人的负面评价，
并不代表那就是"你"。

请不要否定自己的存在，
如果没有被挫折打败，就有很大的空间提升自尊。

想提升自尊，
但不知道该怎么做

平常我都觉得自己的自尊很低，
但其实我不太清楚自尊究竟是什么。
只要我觉得自己很成功，
能够堂堂正正付诸行动就可以了吗？
要怎么做才能够提升自尊？
自尊太高也不好吗？

梁在镇 所谓的自尊是指**"我所认为的我"**。不管他人给予自己什么样的评价，就算是被贬低，在情绪上也不会动摇的状态，就是所谓的高自尊。

梁在雄 这与自命不凡的自我意识过剩不一样。特别是当今这个时代，自我意识过剩的人非常多。跟过去那些和好几个兄弟姐妹一起长大的孩子不同，现在的孩子大多在成长过程中，都独享着父母给予的资源与关心。采取过度称赞"你是很棒的孩子"或"你一定会成为很厉害的人"这种方式，导致孩子在凭借具体经验成功之前，就先认定自己是一个很优秀的人，也就是所谓的自我意识过剩，甚至变成了**"自我欺骗"**。

问题在于，这种类型的人会非常难以面对挑战，甚至避免尝试新事物，因为他们无法承受要面对"自己没有想象中优秀"的瞬间，所以他们会逃避挑战，以继续保全对自己的正面评价。这种状态应该说是"没有打过仗，所以也从来没输过"。

梁在镇 那么要怎么提升自尊呢？首先要知道，无论什么事情，都是"自己的成就"。你可能会觉得这件事听起来没什么，但就提升自尊这方面而言，最重要的就是了解 —— **无论什么事情，都是经由自己的努力而获得的。**

如果可以从身边的人身上获取关于这些成就的"正面反馈"，就能够进一步提升自尊。前述的自我意识过剩，是指在没有自我成就的状况下，从周围人身上获得正面反馈，因而导致自我意识增强。这种类型的人在社会生活或待人处事上，面对真实自我在感到挫折时，往往无法通过自我复原重新振作起来。

此外，"社会服务与捐赠"也对提升自尊有帮助。人在被迫切需要的时候，自尊就会大幅提升。**社会服务与捐赠是为他人所做的事，同时也是为自己所做的事。**这是简单轻松可以提升自尊的方法，使双方都获益，可谓纯粹又良好的妙方。

梁在雄 我以前的自尊也不算高，但是我从小就体悟到，如果自己对某人来说是有意义的存在，这就可以为我的生活带来很大的动力，所以我一直把人生方向摆在这里。但是后来，我了解到**把重心放在他人而非自己身上，不但有碍于提升自尊，反而容易降低自尊。**

当然，在有生之年要改变想法，认为自己具有价值，是非常困难的。但是，在经历过无数的烦恼与尝试后，现阶段的我不再为了满足他人而活，我把人生目标调整为

"成为可以帮助他人并具有良性影响力的人"。在这个寻找如何平衡自我主导和人际关系的过程中，我的自尊也一步步随之提升。

梁在镇 为了改变自己，我也付出了许多努力。在这个过程中，从大量患者与大众身上获得的正面反馈，给我带来诸多帮助。我也很努力让自己言行一致，我认为当自己逐渐成为知行合一的人时，可以提升自尊。

梁在雄 虽然现在你可能还被自卑感所束缚，难以看清自己。但如果没有启动"为自己而活"的力量，只为了做个好人，执着于他人的评价，说不定真的会错过自己真正想要的东西。又或者，为了不去体验何谓彻底失败与自我极限、不让自恋受到伤害，可能会在逃避挑战的同时，停留在自我意识过剩的状态。殊不知，如果能在那里经历挫折，能够不要无所作为地安于现状，就足以提升自尊。

人生要放远来看，没有人会知道十年、二十年后的自己会是什么样子的。当下来自他人的负面评价，并不代表那就是"你"。不要否定自己的存在，做好准备，去挑战、去失败吧！要持之以恒，找出属于自己生命的方向。

梁在镇 无论是谁，都曾经在人际关系上受过伤。如果跟与自己不合的人，或是不懂自己价值的人变得亲近，我们有时候会误以为他们所评价的，就是自己真正的样子。但是，不管面临什么状况，都要站在自己这一边。如果你只感受得到对自己的讨厌、憎恶、失望，请试着从小事开始，练习爱自己与尊重自己。

如果你在一段自我卑微的关系中感到痛苦，最好干脆切断这段关系；如果做不到，也要尽可能暂时保持距离。如果想与他人建立一段健康的关系，自尊非常重要。为了提升自尊，切断不好的关系也很重要。

想被他人认可的我，
自尊很低？

我不管做什么事，
总是会计较自己能不能获得他人的认可。
就算是我自己喜欢的事，
如果不能从他人身上获得正面评价，我也会感到懊恼。
你们说自尊会随着正面反馈而提升 ——
自尊和被认可的欲望不一样吗？

梁在镇 被认可的欲望，顾名思义，就是想从"他人"身上得到肯定的一种欲望，也就是一种想从某个人身上获得对"自我价值"或"我"的肯定，借此获得安全感、满足与幸福的心理模式。

但自尊，是源自亲自实现自己所设定的目标的感受，在此过程中获得正面反馈时自尊就会提升，这不同于一开始便以获得他人肯定作为目标的"被认可的欲望"。

梁在雄　有不少人即便在学业和工作上表现不错，自尊却很低。这个问题源自"方向性"与"主导性"。"我正在做自己想做的事"还是"我正在迎合他人的期望"，根据方向性的不同，自尊会产生非常大的差异。此时，自我效能感与自律性就很重要了。

所谓的自我效能感，是指对自己是否具备达成目标所需能力的自我评估。也就是说，自我效能感是自尊的必要条件，但是自我效能感高并不代表自尊就会变高。必须依照自我设定的方向确定目标，在达成目标的过程中才会产生自尊。

梁在镇　其实这些都是成长过程中需要培养的能力。校园生活中，课业学习固然重要，但是培养待人处事与适应社会的能力也一样很重要。为了培养这些能力，我们不能只把焦点放在内审[1]或高考上，也需要学习体育、

---

1. 内审，在韩国，即毕业院校向学生报考的院校提交的有关学生的内部材料（如身份证明、学历证明、学习成绩、品行等），旨在确保高考的公平性，防止舞弊行为发生。——译者注

音乐、美术等学科，需要改变对学习的认知。就像前文所述，当我们朝着自己想要的方向，为了达到自身想要的成就而前进时，自尊自然而然就会提升。

但是以亚洲的教育现状来看，大部分的人都在不知道自己要什么的状态下，被推向同一个地方，结果导致我们从幼儿时期开始，便无可选择地处在低自尊的状态。而如此持续把自己擅长或想做的事抛诸脑后，渐渐变得不知道自己擅长什么，甚至连擅长的事都做不好，导致我们更加无法感受到成就感，于是自尊提升的可能性也就持续降低了。

梁在雄　美国心理学家亚伯拉罕·哈罗德·马斯洛（Abraham Harold Maslow）所提出的需求层次论（Hierarchy of Needs）中（见图1），最上层是自我实现需求，其次是尊重需求，也就是所谓"被认可的需求"。接着是需要感受爱情与归属感的社会需求、安全需求与生理需求。

图 1 马斯洛的需求层次论

自尊较高的人，比起尊重需求，会把焦点放在更高一阶的自我实现。不管是谁，生活中都需要一定程度的被肯定，但若已跨越了这个阶段，比起在意他人怎么想，会把精力更多地花在实现自己真正渴望的事情上。换句话说，自尊低的人，追求尊重需求大于自我实现；而自尊较高的人，追求自我实现大于尊重需求。也就是说，当自尊提升到某个阶段之后，就不会再如此需要被他人肯定。

梁在镇 为了提升自尊，一开始不需要设定太远大的目标。只要从称赞自己日常的小行动开始就足矣。请先设定一个付出些许努力便可轻松达成的目标，达成了就肯定自己。

每天散步一小时，每天有一餐准时用餐，自己洗碗，晚上不要太晚睡……这些微不足道的事都可以成为我们成功的经验来源，而且最后变成我们大获成功的垫脚石。

我们必须至少付出一点儿努力，才能够提升自尊，希望各位都可以从小小的努力开始，每天一点一滴慢慢达成。

讨厌总是
被父母言语摆布的自己

我平常不太在意他人的言语或评价，
自尊好像挺高的。
但是唯独父母的话，
会让我过度敏感，
也会动摇我已经下定的决心。
这种情况也属于低自尊吗？

梁在雄 过度在意父母言语的情况，很可能是因为**情绪上还没有独立**。在这种情况下，可以不在乎其他人的评价，与其说自尊高，不如说更可能是因为对于父母以外的他人，都保持着情绪上的距离。处于这种情况的人，很可能会误以为自己可以不在乎其他人的言语。

和他人相处时，如果保持着情绪上的界限，就能不在乎他们的评价；但是一旦与他们建立起和父母一样的情绪纽带，就会出现一样的情况。

也就是说，是因为到目前为止你都还觉得父母的言语具有权威性，所以心理上才会受到影响，也才误以为父母以外的人所给予的评价，不会对自己有太大影响。你彻底忽略父母以外的人，同时又无法拒绝父母的言语要求，但是偏偏也想要从中脱身——这个情况跟电影或小说中的公主、王子或者富二代的故事很类似。

若要解决这个问题，**平衡**很重要，你必须与父母保持更多情绪上的距离，并缩短与他人之间情绪上的距离。在无法从父母身上获得情绪独立的情况下，很难讨论自尊。这种情况下，对自我的正面评价，很可能都是父母创造出来的自我意识过剩或自我欺骗。

最重视父母的肯定的人，绝对无法走向"为自己做决定和负责"的下一阶段，因为这样的人无法建立自己的标准，总认为父母会有答案。唯有从父母的标准中脱离，在社会上体验他人标准的同时，建立自身的标准，此时自尊才会成形。所以说，要先调整与父母和他人之间的情绪距离，只有从父母身边独立后，才能更进一步思考自尊的问题。

在除了父母以外没有其他客体关系的童年时期，每个人都会想获得父母的认可。青春期之后，开始进入社会，渐渐脱离父母，转而想获得其他人的认可，接着才会产生自我实现的需求。也就是说，还没有从父母身边脱离的人，离自我实现的阶段还很遥远。

梁在镇　情感距离较远和较近的人给予我们反馈时，我们接受的方式会非常不同。家人之间的言语可能会为我们带来更大的力量；反之，也可能造成更大的伤害。因为我们相信所谓的家人，是一辈子都不会变也无法改变的关系，我们常认为不管自己说出什么话、做出什么举动，家人都一定可以理解。有些人对家人不会表达谢意和歉意，也是出自我们"总以为家人自然会懂"的误会。情绪距离很近，所以会造成更大的伤害，我们本认为这是一段不会结束的关系，甚至还会因此感受到挫折或深陷绝望。所以说，**家人之间，除了需要保持更多礼仪和关怀，保持适当的情绪距离也很重要**。

想要与家人保持情绪距离，首先就要从家人，特别是父母身边独立。独立可以分为身体上的独立、精神上的独立、**经济上的独立**，其中经济上的独立尤为重要。很多人以为情绪独立是最重要的，但是如果想达到情绪独立，首先必须经济要独立。

如果接受父母的经济援助，就会认为父母是自己人生的股东，所以无法达到精神上的独立。身体上的独立就更不用说了，如果接受父母的经济援助，居住空间也是由父母安排，同样地，父母便是这个空间的股东，因此也不能称之为独立。我们必须通过经济独立达成身体与精神上的独立，如此一来才能与父母维持适当的情绪距离。在与家人的情绪界限模糊不清的情况下，无法讨论自我的存在。希望各位铭记这点，并且都能找到真正的"我"。

想说的话说不出口，
越来越抑郁

以前我想说什么就会说出来，
不管别人怎么想，我都会做我想做的事，
觉得只要按照自己喜欢的方式活着就可以了。
但是随着年纪增长，我越来越容易往心里去，
很在意其他人喜不喜欢自己。
我的自尊下降了，自信心也消失了，只剩下抑郁。

梁在镇　我经常听到刚步入社会二十岁出头的人说，开始社会生活后，自尊变低了。但其实自尊高，跟想说什么就说、想做什么就做，是完全不同的两件事。

身为学生或未成年时，也许可以言行毫无顾忌，但是进入社会后，为了配合这个已经被定义好的系统并在其中生存下来，当然会感受到限制，无法再随心按照自己想要的方式生活。在这个过程中，很多人都会认为是自己没有以前优秀，好像自信心下降了；也觉得自己看起来

"卑躬屈膝"，变软弱了。

但这其实是一种错觉。进入社会后，待人处事上不可能只说自己想说的话、做自己想做的事，而须从想说的话里，区分出可以说和不能说的话。我们一定要练习只说可以说的话，这是提升社会性以及体验生存技术的过程，也是社会生活的基本。所以说，我们需要努力从客观的角度看待自己身上所发生的变化。

关于刚进入社会的这种感受，希望大家时刻记得 —— 这并不是自尊下降，而是从孩子变大人的过程；这也不是顺应社会，而是适应社会的过程。这是你正在变成熟、正在长大的证明，可以把它视为一种良性的变化。

梁在雄 再补充一点，所谓的自尊，是指不在意他人评价的状态 —— 不在意谁喜欢我、谁不喜欢我。

进入这个名为"社会"的框架，必然会接触比以前更多的新交流与挑战，在这个过程中，失败与挫折肯定会更多。与过去相比，随着社会视野变广、经验值增加，也会有自己无法接受新意见的状态。也就是说，这当中也可能发生**自恋性伤害**[1]（narcissistic injury）。在经历自恋性伤害的过程中，可能会感到抑郁，但这都是成长必须经历的阵痛。

我们以前对自我的正向评价，如前面所述，很有可能是自我意识过剩或自我欺骗。自我意识过剩，简单来说就是活在自己的世界里，或是父母建构的世界里，相信自己是对的——这个状态看起来和高自尊很类似，但两者绝对不同。

高自尊的人，可以清楚认识社会标准，并与自我架构的标准保持平衡。而自恋性伤害则是在社会框架之下，自我意识过剩或自我欺骗的状态彻底被打破——这也可以说是架构自我标准的第一步骤。换句话说，我们首先

---

1. 遭受打击产生情绪创伤，因而自尊心或自我价值感受创伤的情形。——译者注

要认识到自己正在积累社会成熟度，先接受这个事实，接下来再谈论自尊。

需要注意的是，很多人无法忍受这个过程，会再度回到"洞穴"中。但如果不能克服现在的疼痛，将无法进一步成长，即便现阶段害怕踏出去，只要经历过无数次碰撞和破碎的过程，最终一定可以实现社会层面的成熟，找到自己所追求的、只属于自己的方法和标准。

老是觉得自己不够好，
怎么办？

————————————

我对于他人的言语过度敏感，
如果有人反驳我的意见，我就会感到有压力。
就算明知事实并非如此，
我也会冒出"对方是不是讨厌我"的念头。
是因为吝啬给予称赞的父母，以及儿时被霸凌的经历，
才造就了这样的我吗？
我要怎么做才能提升自尊？

梁在镇 很多人因自尊问题而烦恼，期待着只要提升自尊，人生就会变得很顺利，所以找书来看，也会去听演讲。但是理论上的了解和提升自尊，是完全不同的问题——提升自尊并没有想象中那么容易。

梁在雄 **所谓的自尊是肯定并尊重自己。**我们在日常生活中会对哪些人怀抱尊敬之心呢？

最常见的情况是因对方达成的业绩或成就，也就是容易

对他的成果产生尊敬之心；或者是因对方言语或行为中流露的品行而感到尊敬他。处理事情很细心、很会照顾人、很有耐心，诸如此类的一两个样子，就会塑造出整个人的形象。我们往往都只根据自己看到的特定角度来判断一个人，也就是说，我们会因为他人的成果或某些形象传递出来的特定优点而产生尊敬的感觉。

但是实际靠近这样的人之后，又会发生什么呢？当我们了解业绩或成就背后的情况，进而发现他的各种缺点时，我们还能继续维持这份尊敬之心吗？要对亲近的家人、朋友保持尊重与尊敬并不容易。

那么对于自己呢？由于我们非常了解自己的弱点，于是会过度专注于自身的弱点或阴暗面，自然就很难尊重或尊敬自己。

所以说，我们应该抱着与面对有距离感的他人时相同的心情，不要过度专注于自己的缺点或不足之处，而是多关注自己好的一面。这也是为什么在近距离的关系中，维持些许的心理距离很重要。如果与他人的情绪距离太近，我们不知不觉间就会专注在这个人的缺点上，而这也很容易被当作自我否定的另一种表现。

因此，跟自己保持一定程度的情绪距离十分重要，这与培养客观看待自己 —— 也就是所谓的**后设认知**（Metacognition）有关。如果不能客观地看待自己的优缺点，很容易就会对自己产生负面评价，或者容易根据他人的评价，相信自己有价值或是认为自己毫无用处。

后设认知就像情绪日记一样，可以通过理性观察自己具体的情绪流动进行训练。位于大脑前方的前额叶（prefrontal lobe），具有计划、执行、感受成就感、重新解释反馈的功能。通过刺激前额叶的活动，可以使后设认知成长。如此，就能努力地不断倾听自己的内在变化，在确认外界与自己会受到什么样影响的过程中，从客观的角度看待自己。

此外，在对某人怀抱尊重之心的时候，更重要的是学习把焦点放在过程，而非业绩或成就这类成果之上。**如果对他人的尊重只基于成果，你的自我评价大部分也会是负面的。**

梁在镇　为了提升自尊，我们必须以能够客观看待自己的后设认知为基础，并具有不通过他人评价，自行区分出自我优缺点的能力。**不要放太多心思在自己不好的那一面上，专注于自己的强项或才能，努力培养它们。**重要的是不要以成果为导向，要肯定努力过程中的自己。不要一直拿自己不擅长的地方和他人比较，停止做伤害自己的事情，不管别人是否了解，要试着了解自己酷酷的行为，并为此满足。

虽然儿时的家庭环境会影响很多事情，但是不能把低自尊的原因全部归咎于过去的环境或父母的错误。记住，决定自尊的人不是别人，而是我们自己。

要对完全不认识的人产生好奇与好感，进而缔结彼此喜爱的关系，需要投入很多的时间、关心和努力。一开始，我们都不会是彼此重要的人，就算不见面也可以。但是随着一两次的约会，时间与回忆开始积累；随着一起相处的时间变长和花费的精力变多，大部分的人都会开始认为对方变得相对重要了。接着开始思考可以为这个人的幸福和健康做些什么。渐渐地，对方在自己心里的价值就会增加。

梁在雄　对自己也是相同的道理。自尊较低的人，大部分都会想从外部关系中寻找可以提升自己自尊的人，但光靠遇到一个珍惜自己的人，很难让自尊有所提升。这么做只会带来瞬间的满足感，而且随着关系靠近，开始看到对方的缺点后，这段关系很可能再延伸成为自我否定的原因或结果。

也就是说，在低自尊的状态下，人几乎不可能尊重、珍惜自己的亲近对象。我们会认为持续对自己表达关心，跟自己度过越多时间的人，越能成为对自己有意义的人。当对方越是珍惜自己，为自己做越多的事情，在心里"自我价值"就越高。

梁在镇 自尊越高，就越不会被外界评价所束缚，不会因为无谓的自卑感，浪费能量去讨厌或刁难别人。为了提升自尊、为了爱自己，希望大家都可以继续为自己投入时间与能量，努力实现目标。

接受自己真实的一面，跟努力提升自尊一样重要。用适合自己的方式生活吧！即使不管怎么努力，自尊还是没有提升，也不要过度苛责自己。我们需要接纳自己，接受这是自我的一部分，自我接纳也会以另外一种方式提升自尊。

专栏

自尊与自尊心大不同

很多人会把自尊和自尊心混淆。举一个简单的例子，当有人骂自己是"笨蛋"的时候，对此发火的人，就是自尊心较强，并不是自尊较高。自尊高的人，处之泰然，反而不会在意，因为自尊高的人，并不在意别人怎么看待自己。

认为自己很聪明的人，就算有人骂自己，也可以轻松忽略，以玩笑带过；但是自我评价不足的人，就会对此耿耿于怀，甚至以暴躁的方式应对。这种反应的起因来自真正的自己与希望他人眼中看到的自己有所不同，于是产生了不安全感。

那自尊心很强又是如何呢？所谓的自尊心，如果没有其他人就无法成立，因为当人独处时，"自尊心很强"这句话毫无意义。

自尊心和被肯定的需求很相似，只有在与他人的关系中才能显现；反之，对于自尊而言，他人就显得完全不重要。高自尊的人，不在意其他人怎么看待与评价自己。

换句话说，**拥有高自尊的人会以自我信任为基础，不会渴望获得他人的认可，也不会执着于展现自尊心或做出任何表现出强烈自尊心的行为。**自尊与自尊心，从结果上看好像成反比例的关系，实际上却是完全不同层面的概念。

第 2 章

不安全感

虽然不会消失，但是可以控制

● ● ○

变漂亮的话，就会有人爱上我吗？

我们要先爱自己，外表才会发生变化。
也就是说，爱自己，
看待自己的角度就会产生变化。
这个时候看见的，才是真正的自己。

就像爱另一个人一样，请首先爱惜并重视自己。

在暴食和减肥中无限反复，
我想爱自己

从小我就承受着大量的外貌指责，
并在这样的环境中长大。
虽然我曾经减肥成功，但是随着健康亮起红灯，
我反复出现严重的减肥反弹。
现在我有肾脏和卵巢的疾病，健康全毁了。
只要一感受到压力，我就会反复大肆乱吃和催吐。
我还可以爱上这样的自己吗？

梁在镇　暴食症和厌食症，是饮食障碍中最具代表性的两个类型。短时间内摄取大量饮食，再通过催吐等行为防止体重增加——反复进行这种异常行为的，我们就称之为**暴食症**。而长时间严重拒绝饮食，则称之为**厌食症**。

梁在雄　利用摄取食欲抑制剂或通过通便药物促进肠道蠕动，依赖药物进行减肥，必定会引发肠道机能丧失等严重的健康问题。反复催吐也是一样，食管与肠胃之间

有括约肌，如果持续催吐，会使括约肌完全张开，最后导致胃酸持续流向食管，引发反流性食管炎（Reflux Esophagitis），患者会经历严重的疼痛和胀气等症状。

梁在镇　反复暴食和催吐，常因为情绪紊乱、抑郁障碍（depressive disorder）或其他心理障碍而起，在压力之下变得脆弱，更加速了反复的行为。如果有需要，到精神医学科接受抗抑郁药物治疗等也是很好的方法。如果一个人面对觉得很吃力，就应该积极接受专家的帮助，这也是努力找寻并实践爱自己的方法之一。

因为过度肥胖或重度肥胖导致健康出现问题时，最好适度减重，这时要用正确的方法。但是，如果体重仅仅达到稍微脱离正常体重的程度，却仍然追求理想化的纤细身躯，以错误的身形作为基准，也是个问题。如果你对于减肥过度执着，可以问问自己为什么要减肥，并试着找出根本原因。如果找到的各种理由还算合理，就应该用正确的方式好好减重；但如果那个理由任谁看来都不妥当，那么该迫切需要解决的问题不在于身体，而在于想法。

爱自己的方式不能只用几种模式来规范，但只着重外表的爱，肯定不是爱。我们其实是最知道怎样爱自己的人，只不过无法实践而已。仔细地去思考，什么是爱自己，而什么不是，然后至少试着实践一次吧！当然，说起来比做起来简单。不过一定有人可以克服困难，开始尝试基于自我理解和自我改变而做出的小小实践。

为此，希望你能先找到可以健康排解压力的方法，试着以此作为起点，练习、训练、执行。只要变漂亮，就会有人爱上自己吗？其实是我们要先爱自己，外表才会发生变化。也就是说，爱自己，看待自己的角度就会发生变化。这个时候看见的，才是真正的自己。

梁在雄 有时候我们会更讨厌那个明明知道要怎么做，却无法改变的自己。这种时候请记得，爱自己的人，是跟"自己"非常亲近的人；无法爱自己的人，则非常质疑自己值不值得被"他人"所爱 —— 这个标准总是放在"他人"身上。在这种情况下，我们一旦被"他人"排除在外，自我便会消失。即便这本应该是你自己的世界，里面却充满了"他人"。

如果单恋某个人，我们自然而然会开始观察和思考对方需要什么，想要送礼物给对方。投入的时间与精力越多，就代表那个人在我们心中越占有一席之地。

爱自己的方法也跟单恋一样，思考自己是哪一方面能力不足、擅长什么事、做什么事情才会让自己开心……物质、精神、时间方面都可，持续送你所需要的礼物给自己吧！对自己要比对任何人都好，先确保有足够的时间可以跟自己相处。如此一来，心里自然而然就会产生对自我的关爱。要告诉自己："我最爱的人是自己。"希望你能用对待爱人的方式对待自己。

梁在镇 外貌是一个人最大的特征，有些情况下会带来很多好处。但是我们眼见的并非全部，这世界不存在完美无缺的人。就像不会运动的人，还可以用另一项技能展现自己一样，即便对自己的外表感到不满意，也可以通过更优秀的其他特点来证明自己的价值，希望你不要过度以外貌为基准来看待这个世界。

梁在雄　如果你身边有经常批评你外貌的人，最好远离。因为这样的人不是对你有益的人。韩国有个词汇叫"颜评"，我们都知道这个词有多负面，但是当有人真的以长相来评价自己的时候，我们却会在心里想："果真如此？"从而被这种想法所影响，束手无策地承受评判。

不管是谁，在未经他人同意的情况下，都无权批评对方的外貌或者性格，所以**不要赋予其他人随意批判自己的权利**。在跟他们相处的过程中，希望你能专注在自己身上，找到自己的优点。

在这个世界上，你应该是最爱自己的人，要像对待爱人一样珍惜自己。这件事需要练习，但请不要放弃。只要持续练习，有一天你一定会成为真正美丽又可爱的人。

过度洁癖，
都变神经质了

我没办法触碰新的东西，一旦觉得脏就一定要立刻洗手。
虽然朋友们可以谅解，但我总觉得很抱歉，
也尽可能不让不认识的人发现这点。
之前因为受到新冠疫情的影响，我连家门都出不去，
我不能去的地方、不能做的事情也随之逐渐增加。

梁在镇　洁癖是**强迫症**（Obsessive Compulsive Disorder，
OCD）的一种，基于可能被病毒或细菌感染的无意识
恐惧，而执着于清洁。在有洁癖的状态下，人会因为不
喜欢手上沾染异物等感觉而经常洗手，也会不愿意触碰
门把手等，并且经常使用消毒剂或纸巾，在清洁上非常
敏感。

新冠疫情发生前，很少有人会随身携带手部消毒剂，但
近年来变得很常见，因此对有洁癖的人来说，症状只会

更加严重。

梁在雄 每一百人之中，就会有两到三个人有强迫症的症状，这是很常见的疾病。但这属于自我失调障碍症（Ego-Dystonic），因此患者在认识到自己有问题的过程中，多半会伴随着抑郁症。

《尽善尽美》（*As Good as It Gets*）是一部细致地描绘强迫症症状的电影作品。主角去餐厅时总是坐在同一个位置，带着自己专用的刀叉；开门的时候也会用手帕或衣服包裹住门把手；出门后回家洗手的时候，会使用一次性香皂，用完就丢。这些全部都是典型的洁癖强迫症症状。

梁在镇 但是最后主角通过自己所爱的人，获得了改变的契机。看过电影的人都误以为是爱缓解了主角的强迫症，但其实让主角症状缓解的，是药物。就像主角在片中所说的："是你让我想成为更好的人。"爱情让主角抛开对药物的排斥，而最后治愈主角的，是一种抗抑郁的药物。

换句话说，**强迫症很难靠自我意志治疗**。如果使用核磁共振（MRI）拍摄强迫症患者的脑部，会看到脑部下方的眼眶前额叶皮质过度活跃，因此强迫症是必须依赖药物治疗的疾病。

此外，还有一种"暴露疗法"（exposure therapy），是用来治疗强迫症或特定恐惧症（specific phobia）的方法。所谓特定恐惧症，是指遭遇特定对象或情境，便会立刻引发恐惧和焦虑的一种症状。暴露疗法中，有逐步增加暴露程度的方法，以及"满灌疗法"（flooding therapy），后者是一次性将患者暴露于恐惧情境中的方法。

梁在雄　一般所谓的洁癖症，是指针对清洁和污染的强迫症，代表性症状是摸到某样东西，就会感觉遭到污染而立刻去洗手。洁癖症的暴露治疗，就是在故意触碰某个东西之后，禁止患者洗手，让患者自己认识到，即便不去清洁，也不会发生任何严重的后果。在这种情况下，有时候也会进行"认知行为治疗"[1]。

治疗强迫症的药跟治疗高血压或糖尿病的药一样，只是一种缓解症状的药物，不需要对此感到排斥。

如果能为了改善生活下定决心接受治疗，对于社会生活或建立人际关系都会带来莫大的帮助。只要赋予动机、持续努力，洁癖症绝对是可以治疗的强迫症。

一般从服药到起效，需要三个月左右。如果没有效果，就需找专家更换药物再依序进行，这也需要针对容易伴随而生的抑郁症进行评估。这个时候最重要的就是，要跟信任专家一样信任自己——相信自己一定会好起来。

---

1. 认知行为治疗（Cognitive-Behavioral Therapy，CBT）是指通过心理学方法，引导病患找出原因，改变其不适应的思考模式和行为的治疗方法。——译者注

幸福的同时，
又伴随着令人窒息的焦虑

我已经接受好几年的
焦虑症（Anxiety Disorder）药物治疗了。
我随时都对不存在的对象或实体感到焦虑，
如果经历不好的事情，会更为严重。
职场的评估与审查，也让我对自己的能力感到羞愧。
就算感到很幸福时，也会突然变得很痛苦，
甚至还会想放弃人生。

梁在镇 并非针对特定情况或事件，而是对生活中所有的事情都感到焦虑，是广泛性焦虑症（Generalized Anxiety Disorder，GAD）的主要症状。

广泛性焦虑症有两个主要特征。一种是**对再小的事都容易感到焦虑**，并不仅仅是在像做报告、演讲、唱歌等必须站在许多人面前的特定场合，而是一整天都感到过度焦虑。另一种则是**严重焦虑导致失眠或原因不明的疼痛**等各种躯体症状。

梁在雄 上述所指的特定情况，也就是害怕在其他人面前做某些事或行为的症状，会被诊断为"舞台恐惧症"。此处所指的特定情况，诸如在多人场合发表言论、在舞台上表演，或是在众目睽睽的情况下答题等。如果害怕的症状持续，特定情况就会演变成一个小小的心理创伤，让人无论如何都想回避这类状况，接着对每件事都失去自信，同时产生羞愧感，也可能会伴随抑郁症，严重时甚至引发自杀冲动。

梁在镇 这个时候如果在学校或职场上又获得不好的评价，就会产生羞愧感，开启恶性循环——当焦虑感上升，工作执行能力下降，就可能收到负面评价；如此一来，焦虑感会进一步提升，结果当然就成为执行其他工作时的阻碍。

梁在雄 在应对焦虑方面，有时作用于心血管的药物可以即刻带来成效。大脑意识到焦虑时，会对心脏发出信号，让心脏怦怦乱跳；而当大脑意识到心脏在怦怦乱跳时，就会出现"原来我真的很焦虑"的想法。尽管舞台恐惧症可以通过服用简单的药物达到良好的疗效，但还是有很多患者不知道这件事，因而尚未接受适当的治疗。

梁在镇　对我来说，最好的精神医学科诊疗，就是在离家近的地方，接受同一个认识很久的主治医师的治疗。但如果已经长时间接受治疗，症状还是没有获得改善，一直反复，时好时坏，更换主治医师也是一种方案。

另外，也可以考虑认知行为治疗。简单来说，就是练习利用自身的想法来调整身体的症状，这也是对大部分焦虑症会并行采用的治疗方法。练习"停止提前担心还没发生的事"，也属于认知行为治疗的范畴。除了与主治医生一起采用药物治疗以外，同时并用多种治疗方法的话也很好。

梁在雄　人们常说的创伤后应激障碍（Posttraumatic Stress Disorder，PTSD），也是一种焦虑症。所谓的焦虑，是大脑颞叶内部的杏仁核及其周边部位过度反应所致。当杏仁核过度反应时，脑海中会浮现出过去不好的记忆。

当心情不稳定且注意力涣散的时候，持续刺激前额叶会有所帮助。最有效的方法是运动，因为运动是可以由自己计划内容、付诸行动、立刻看见成果的活动。如果无法运动，整理书桌、做笔记也会有所帮助。执笔、打开笔盖、在纸上写字的过程，也是可以自体刺激额叶的理性活动。

当联结到过去不好的记忆，导致焦虑感提升时，通过这种"计划—执行—完成—反馈"的简单活动去刺激前额叶，可以瞬间降低焦虑感。反复训练之后，就可以获得客观看待自身情绪或焦虑的能力，这也属于前面我们谈论过的后设认知。简单来说，就是可以自行理性判断："**现在焦虑的事情，其实并不需要焦虑。**"

焦虑感较高的人，基本上一旦出现某种想法就很难改变，也就是我们经常讲的"僵化思考"。这种类型的人会认为，过去学习到的负面记忆数据也会对未来造成影响，因而持续逃避面对过去曾有过不良体验的特定人、事、物，于是自身的经验数据库总是一成不变。

为了治疗焦虑症，要学会接受曾经让自己陷入困境的特定人、事、物；要学会灵活思考，知道情况和人都可能会改变，自己也会改变。此外，也必须相信未来的自己跟过去的自己不一样，因为这是事实。希望有焦虑症的人，可以借由练习改变僵化的思维，同时通过刺激前额叶活化的活动，摆脱恶性循环。

搭乘公共交通工具时呼吸困难，
这是惊恐障碍吗？

最近搭乘公共交通工具的时候，会感觉胸闷，
好像连脖子都被掐住一般，出现喘不过气的症状。
一开始我以为是天气原因，
但后来在其他人面前做报告的时候，
不但出现相同的症状，连手都在颤抖，
甚至产生很想流泪的恐惧感。
我得了惊恐障碍吗？

梁在雄 多亏某一阵子很多演艺人员纷纷吐露自己患有
惊恐障碍，现在很多人都知道了什么是惊恐障碍，也因
此很多人认为惊恐发作和惊恐障碍相同。

**但所谓惊恐障碍（Panic disorder），会伴随胸闷、无法
呼吸的"惊恐发作"症状，以及不知道会突然发生什么
事情的"预期性焦虑"。**也就是说，同时出现惊恐发作
与不知道惊恐什么时候会发作的预期性焦虑，才会被诊
断为惊恐障碍。

梁在镇 突然感到眩晕或心跳加速、陷入极度焦虑与恐惧、从指尖到脚趾都出现奇怪感觉、呼吸困难导致胸腔周围疼痛、对死亡产生恐惧……这些都是惊恐发作的典型症状。

上述这些症状并不会一口气全部蜂拥而至，而是会选择性地出现其中几种。

这种类型的惊恐发作，不会只发生一次，或只在特定情况下发生。若初次发生之后便无时无刻不在反复发生，就会被诊断为惊恐障碍。换句话说，在睡觉或吃饭时都会突然出现症状的情况，跟搭乘公共交通或在许多人面前做报告等特定情况下才会出现的情况不太一样。

梁在雄 惊恐发作除了惊恐障碍以外，也会出现在所有的社交恐惧症（Social phobia）、广泛性焦虑症、特定恐惧症中。对于因为独自处在无法立即避开的场所或状况之中而感受到的恐惧，就被称为"广场恐惧症"（Agoraphobia）。

梁在镇 广场恐惧症是分辨惊恐障碍的一大标准，可以分为伴有特定场所恐惧症的惊恐障碍与不伴有特定场所恐惧症的惊恐障碍——但大部分情况都伴随特定场所恐惧症。为了诊断是否为伴随特定场所恐惧症的惊恐障碍，要仔细区别症状是否只有在具有特定压力的状况下才会出现。

惊恐障碍第一次的惊恐发作，大部分都会有预先出现的压力，但大部分从第二次发作开始，就几乎没有前期压力。所以说，如果有在多数人面前讲话、演讲等的前期压力，可以视为由此引起的社交恐惧症或对该情况感到极度焦虑、恐惧的特定恐惧症。

梁在雄 为了正确诊断，首先要接受心电图检测，如果心脏没有异常，最重要的是尽快接受精神医学科适当的初期治疗。如果是惊恐障碍，为了不引起后续第二次的逃避反应或抑郁症，应该尽早开始接受心理咨询与药物治疗。

惊恐障碍会留下创伤，因此容易从下一次开始逃避特定的状况。随着自己创造的魔咒和逃避的事物增加，逐渐限制了自我行动，在许多情况下都会伴发抑郁症。因此，早期快速且有效的治疗比什么都重要。

梁在镇　有人说惊恐障碍就算治疗也不会痊愈，但是接受治疗症状却没有改善的情况，原因大致上有两种。

第一种原因是**饮酒**。医生之间甚至有传闻说，喝酒的第二天一定会恶化的疾病就是惊恐障碍与痛风。对于惊恐障碍而言，喝酒是致命的行为。饮酒会导致隔天大脑过度清醒，使惊恐发作的可能性提升。

就像用力压住弹簧，反而会使弹簧弹得更高一样，因为酒精而镇静的大脑，在酒精退去之后，会变得更加清醒。反复地为了消除焦虑而饮酒，只会使应该要活化的额叶机能更加减弱，反复之下，还可能因为额叶受到损伤，引发酒精性失智。

第二种原因则是**自行中断治疗**。有些人在接受治疗的过程中，感觉有好转，就以忙碌或不想服药为借口停止看诊。这样的人容易在经历几次复发再就医、再次中断的过程后，认为治疗效果不彰而放弃治疗。

梁在雄 惊恐障碍的药物治疗一般需要六个月左右，如果觉得有好转，就在这当中停药，恐怕很难不复发。接受六个月的治疗后，最好观察和判断一下自身情况，继续接受治疗。借由分析治疗，找出焦虑感高且难以调整的根本性原因也很重要。许多惊恐障碍都是因为无法理性接受焦虑而导致的结果。为了让负责掌管恐惧等情绪的大脑，在受到特定领域刺激的瞬间，培养出客观且理性看待状况的能力，最好可以同时接受认知行为治疗。

焦虑一旦成形，
就不受控制地膨胀

我老公一年前开始从事飞行相关工作，
从那之后，我就一直很担心会发生事故，
因此感到非常焦虑。
严重时，起飞前一天我还会在老公面前哭泣。
虽然老公经常安慰我，但是我的焦虑依然没有消失。
面对还未发生的事情如此焦虑，这是焦虑症吗？

梁在镇　每个人心中都有自己的担心，这是非常自然的状态。去陌生的地方或遇见陌生人时，内心本就容易产生不安、恐惧、激动等许多复杂的情绪。所以说，不需要把这份焦虑视为病理问题。但如果这份焦虑不合理，甚至已对日常生活造成负面影响，就需要进一步观察。

如果自己或家人从事具有危险性的工作，本来就可能让人产生会因故受伤的想法。然而如果随着时间的推移，不但没有越来越熟悉这种情况，反而还是跟一开始一样，或者变得更加焦虑，就可以视为特定恐惧症；假如连面对跟工作无关的日常生活也会感到焦虑，则可能是广泛性焦虑症。

除此之外，也可能还有对灾难和事故的强迫症。这是一种面对自己、家人或所爱之人可能会因意外或事故而受伤、死亡，产生莫名焦虑的强迫性思考。这样的人为了避免意外发生，可能会进一步出现减少外出或劝阻家人及周遭友人不要外出、旅行的强迫性行为。

如果对其他事情不会，仅对某种情况或原因会产生强烈的焦虑 —— 属于特定恐惧症的情况 —— 就有必要回过头检视自己是不是有相关创伤，抑或过去曾因哪个事件受到冲击。如果是对航空事故过度焦虑，有可能是原生家庭中有对这件事情比较敏感的人，受他们影响，认为"飞行是非常危险的行为"，而使得焦虑感扩大。

若不是像上述那样的特定情况，而是对大部分情况都感到焦躁、紧张、坐立不安、容易疲倦、难以专注，则可能是广泛性焦虑症。

这两种情况的起因，都可能是在小时候的环境中受到父母过度保护，或有过行为受到限制的经历，但也可能没有什么特别的原因。

假如在焦虑之下，又同时存有对清洁、整理、排列、囤物、储物等其他强迫症，这样的人在日常生活维持上应该会遇到诸多困难。去精神医学科就诊，接受对强迫症的正确评估与接受合适的治疗，会对你有所帮助。

梁在雄　每个人都会担心家人的安全，**因为爱而感受到焦虑不安是很正常的事**。然而强烈地随时坚守在家人身旁的这份心意，也可能会使家人不舒服。若是真正为了家人着想，就应该让他们可以保持平静的心态继续工作和生活。当焦虑感不受克制地迎面袭来时，希望你可以跟着下述三种方式，练习降低焦虑感——

❶ **焦虑感涌上的时候先深呼吸**。虽然这个方法很普遍，

很多人都知道，但是在大脑被焦虑感淹没、真正需要的时候，往往很难想起这个方法。因此要有意识地记住这个方法，在焦虑感加剧时，尽可能不要想其他的事情，就反复地深呼吸。

这个作用与位于大脑前额叶中间的扣带皮层有关。扣带皮层是被称为"帕佩兹环路"（papez circuit）的情绪与记忆闭路的某侧轴心，当大脑出现不好的想法时，这个环路便会促进这个想法。此时，你可以专注深呼吸，通过冥想的方式，稳定扣带皮层。

❷ **计算脑海中想法在现实中发生的可能性**。所有事情都取决于自己怎么看，不要代入让自己痛苦的想法，或纠结在负面想象中，尽量让这些想法流过就好。航空事故虽然发生概率很低，不过肯定有可能会发生，但也不能因为低概率的"航空事故"，就不去思考概率较高的"安全飞行"。要抛开"飞行＝危险"的想法，抱持"一切都会平安无事"的信念。面对其他高风险行业，也是相同的道理。

❸ 每当焦虑感涌上来时，可以**尝试做一些能够推迟焦虑的事情**，做感兴趣的事也是很好的方法。当日常生活中的担心与焦虑涌现时，希望你可以练习告诉自己"先做好这件事吧""先吃饭吧""先打扫吧"……利用这些活动，把担心的时间向后推迟。

不要选择看电视之类的被动性活动，而是要进行主动性的活动。特别是上述那类可以计划、执行、完成与反馈的活动，最好是能够聚焦专注，刺激前额叶的活动。

只要你试着这样做，家人不知不觉间就会回到你的身边了。

专栏
强迫症与强迫型
人格障碍的差异

过去精神医学科的两大主要病种，分别为**精神病**（Psychosis）与**神经症**（Neurosis）。精神病中，精神分裂症（Schizophrenia）和妄想症（Paranoia）最具代表性；神经症中，抑郁症和焦虑症最具代表性。广泛性焦虑症、社交恐惧症都是典型的焦虑症疾病。多数现代人患有的惊恐障碍，以及幽闭恐惧症（Claustrophobia）、恐高症（Acrophobia）、密集恐惧症（Trypophobia）等特定恐惧症也属于焦虑症。

虽然每个人都会感到焦虑或紧张，但是由于耐受程度不同，每个人可能产生的压力反应也都不一样。简单来说，就是承受压力的能力不一样。对某人来说没什么大不了的事，很可能对另一个人而言是极大的压力来源，甚至影响到了其日常生活。

强迫症本来也属于焦虑症，但是现在已经被分为不同类别了。强迫症大致来说是由强迫性思考与强迫性行为所组成。就算大脑不想做这件事，但某些事物会不断让人产生焦虑不安的想法，为了解决这份焦虑，人就需要做出某种行为。换句话说，强迫性思考是为自己带来焦虑的想法，强迫性行为则是为了消除焦虑而做出的反应。

强迫症会以很多不同的形态呈现，其中最常被提及的"洁癖症"，就是对清洁或脏污的强迫症。如前所述，为了消除受到污染的强迫性思考，而做出反复洗手的强迫性行为，就属于洁癖症。

源于整理、整顿的**排列强迫症**，大致上可以分为两类——❶ 按照颜色或用途分类。分类到任谁看都感觉过度整齐的程度，从表现上来说也是一种洁癖。❷ 排序后其他人看起来觉得很杂乱，但其实是按照了自己的规则或原则排列，这种患者会非常讨厌别人随意移动自己的东西。整齐排列的强迫症与乱中有序的强迫症，其共同点是：所有东西都必须放在原有的地方。

有对称强迫症的人，无论是在墙上挂横幅、镜子、相框等物，还是在桌上摆放东西，都一定要保持平行或对称排放。

至于**囤积症**（Hoarding disorder，又称储物症），症状是无法丢弃东西，就算是不需要的物品，也总因感觉日后好像会用到而迟迟无法舍弃。囤积症容易引起跟共同生活者之间在空间使用上的矛盾，严重的甚至还可能导致夫妻离婚，是很严重的问题。

绝对不可以踩到人行道地砖的线，否则会感觉天崩地裂；走在路上，某一侧的肩膀被撞到，就一定要再去撞另一侧的肩膀……这些都是强迫症的典型症状——因为脑海中出现了让自己焦虑的想法，所以即便知道这个想法不妥也不对，但唯有完成自己的仪式，才能平息心里的焦虑，所以只能通过去撞另一侧肩膀这种强迫性行为，来消除大脑里的强迫性思考。

除此之外，还有人看到刀子、锥子、圆珠笔等尖锐物品就会感到焦虑，这种情况和特定恐惧症不同，与其说是害怕自己受伤，倒不如说他们大部分的情况其实都是担心对方伤害自己。无法正视对方眼睛的人，常常因为担心自己向对方展露出攻击性。

谈到强迫症，必须记得的其中一点是——**强迫症与强迫型人格障碍**（Obsessive-Compulsive Personality Disorder，OCPD）**不一样**。我们经常用洁癖或强迫症来形容将环境整理得一丝不苟且具有完美主义倾向的人，然而强迫症和强迫型人格障碍之间有其差异，就在于自我冲突和自我协调（ego-syntonic）。

具有强迫型人格障碍的人会因为自我协调而自行主动整理，也会对此感到自豪。当强迫型人格障碍者要求别人遵从他的强迫性原则时，很可能会使身边的人感到痛苦。然而，强迫症则是在自己也不愿意的状态下，为了防堵脑中浮现的强迫性想法，反复执行特定行为，通常连他自己也会为此感到非常痛苦。

　　单纯爱洗手、喜欢把环境整理干净，肯定是种好习惯。精神科在判断患者是否有强迫型人格障碍等疾病时，必须观察患者是否因该症状致使职业功能与社会功能受损，或者出现人际关系问题。除非有上述情况，否则大部分都只算是有执着于清洁和整理的倾向而已。

　　尽管看起来可能很类似，但强迫症与强迫型人格障碍是完全不同层面的疾病。

第 3 章

未来

———— 可以烦恼未来，但不要陷入绝望

人生不是想结束就能轻易结束的。
请大家意识到年轻有所局限，
从现在开始把人生放远来看吧，
然后每一天，都为明天做好准备。

不必牺牲今天，
而是要妥善将时间与精力分配给现在和未来，
这才是长葆幸福的方法。

我应该工作，
但不知道自己想做什么

虽然考进了符合专长的好科系，但是眼看离毕业不远了，
我却还是不知道自己
擅长做什么、梦想是什么、该做什么。
我讨厌自己想逃避现实、只想走简单的路的想法，
也没有自信可以做到满足父母的期待。
我的自信心与自尊心一直在降低……

梁在雄　承受来自父母期望的压力、烦恼自己真正想要的到底是什么，每个准备进入职场的人都会对此有共鸣。

梁在镇　我们所有人都是经历了这样的阶段才踏入社会的，每个处在这个年龄段的人，都会烦恼就业问题。这是人们在成长过程中，从孩子变成大人必修的功课，我们称之为**成长课题**。每个人须完成这个课题才能成长，进入下一个阶段。

这门功课没有任何人可以帮你完成，只能靠自己，而且不能跳级。只有自己完成第一份功课后，才能带着这份成果继续完成第二份功课。成长课题便是在一定的年龄区间内，必须亲自完成的人生课题。

就业是二十几岁时必经的人生课题——找一份工作、展开经济活动，是这个年纪必须解锁的任务。因为之前没有经验，你可能会感到陌生、焦虑、紧张，理所当然会觉得不舒服。当然，每个人的不舒服程度都有所差异，就像有些人能很好地融入陌生人群，但也有人会因认生而感到不适。面对成长课题时，个性的差异也会产生很大的影响。

认识新的人、去新的地方，都不是容易的事，要面对与迄今为止生活方式截然不同的新生活，必然要承受非常大的压力，在这个过程中感到辛苦或焦虑都是理所当然的。然而长时间辛苦地处在理所当然的不舒服之中，对你而言并不是好事。不过辛苦的人不会只有你，每个人都可能经历这段辛苦，希望你也能把这份辛苦视为理所当然的过程。

赚钱是工作的第二目的，第一目的是自我实现。当然，从打工的过程中也可以自我实现，但总有一定的局限。为了找出自己喜欢什么、能做什么，试着去碰撞吧！经历这个过程后，你将找到一份真正可以当作职业的工作。

即便辛苦、不舒服、紧张、焦虑、害怕，也请不要忘记这是人生必经的课题。如果不去碰撞，绝对不会知道自己擅长什么、喜欢什么、适合什么。

梁在雄　如果意识到自己正在逃避，这是个好的信号。但如果光意识到自己正在逃避，行为却没有改变的话，内心就会产生不满，最后导致自尊感下降。

人生不是想结束就能轻易结束的。就算你觉得自己过得不怎么样，还是得继续走下去 —— 这就是人生。请大家意识到年轻有所局限，从现在开始把人生放远来看吧，然后每一天，都为明天做好准备。若想改变这个不满意的自己，现在就得努力，否则等时间流逝，能做的就只剩下后悔了。

梁在镇　这里的意思不是要你"为了明天而牺牲今天"，而是同样要为了今天的幸福，努力用心地生活，**幸福这项报酬是赏赐给今天也认真生活的人的**。若每天重复同样的日常生活，浪费着时间，想从中找寻幸福只是一种贪婪。就像爱因斯坦曾说：每天重复一样的生活，却期待有不一样的明天。但只要通过每天一点点的变化，就可以在"今天"的这个瞬间找到幸福，并迎接比今天更好的"明天"。

如果想要从孩子成为大人，就要先满足**"想做但忍耐""不想做但忍耐"**这两个先决条件，许多人都无法做到上述这两点。即使现在有想做的事，也要为了必须做的事先忍耐；即使真的很讨厌某件事，也要为了必须做的事而忍耐——努力做到这两点，才能够成为真正的大人。

梁在雄　有些人可能从十几岁就明确知道自己想做什么，

但也有很多人二十多岁都还不知道自己真正想做什么。就算我们都一样活到一百岁，每个人的时间和时机也都不一样。但可以确定的是，如果不去挑战任何事情，一定无法知道自己真正想要什么。为了找出自己擅长什么，对什么事有热情，我们必须持续挑战新事物和想逃避的事物。

碰到任何提案或提议的时候，如果你只以恐惧、厌恶、害怕的心情面对，就会变得举步维艰。果敢地说出"YES"，练习放开自己是很重要的。希望你能够多接触各个领域，或是在某一个领域里深耕。花一点儿时间，通过这些经验找出你真正想要的东西。

梁在镇　我们买衣服或买鞋子的时候，至少会去逛几家卖场试穿后再买。决定人生最重要的核心职业时，如果不去碰撞，又怎么能真正了解自己？别把重点放在自己能不能做好上，而是抱持着自我了解的心态去碰撞，这才会让你找到自己真正喜欢、擅长而且可以从事的工作。

梁在雄　所谓"成功的阶梯"，在我们父母的时代是以财力决定的。如今出现了以年轻世代为中心的 YOLO 族[1]，也可说是反映出我们社会的苦涩现实。因为光是专注于当下，已经无法带来足以自我成长的期许，所以更不可能从中获得幸福。

为了自己完整的幸福，我们需要一个可以梦想的明天。将自身想消费的时间与精力妥善分配给现在与未来，才是长葆幸福的方法。现阶段做着讨厌但必须做的事、同时寻找想做的事、在想做的事中找到现在可以做的事——掌握好这三者的平衡，就能去往通向幸福的道路。

这段时间里，你不需要太担心无法满足父母的期待。父母确实会比任何人都更担心自己的孩子，但是父母无法代替我们过生活，也不能对我们的人生负责。希望你**不要只是为了满足他人的期待而生活，而要活出属于自己的人生**。

1.　You Only Live Once，近年在韩国流行，"你只活一次"是一种主张"享受孤独"与"及时行乐"的生活方式。——译者注

沉迷塔罗与星座，
希望改变未来

当我患上轻度抑郁症的时候，开始对算命产生兴趣。
刚开始只是当作娱乐，看一看软件，
但现在会因为一点儿小烦恼，
就去命理馆、算命咖啡厅和塔罗屋。
每天早上我都会看"今日运势"，如果运势不好，
整天就会心情不好、有气无力。

梁在镇　人们在不清楚未来，或对未来感到茫然的时候，会不知道现阶段应该如何生活，感到无所适从，这时就容易迷上算命。算命即便得到运气不好、没有福气等负面结果，紧接着也会有"这个低潮不会持续太久，大部分情况很快就会改善，大运会随之而来"之类的正面反馈。于是即使现实根本没有任何变化，人的内心也会得到力量与安慰，于是人们会反复不断地算命。在经历困难的时候，算命是人们遗忘现实的一个逃避之法。

为了摆脱这一束缚，最好的解决方法就是**改变现实**。当经济与社会地位上升，对自己产生自信，自然而然就会摆脱这种迷信。所以，首先我们要了解自己为什么会依赖算命，如今的自己处在什么状态。主观或客观因素导致人在经济或在社会层面处于困境，且内心又需要依靠时，就很可能容易陷入算命或占卜。

看八字或算命，得到的答案在某种程度上大同小异，只不过在如何解决这一点上会有些许差异。事实上，问题的答案早已在自己心里，我们很可能是为了听一些自我安慰的话才去算命的。我们该做的是仔细观察自身的状态与心情，从自己身上获得安慰，而非向外寻找。

梁在雄　算命市场的资金流动额超乎想象，海量的金钱用于安慰人心。然而算命或占卜难以真正改变自己的命运，也无法作为根本的解决方法。有好命盘也许可以在现实中带来安慰，但光相信命盘却什么都不做，最后还是会一事无成。未来不是由命盘决定的，而是掌握在自己手上。

梁在镇 看完今日运势，如果运势不好，一整天的心情都受影响，做什么事情都感觉不太顺……我想应该不少人都对此有共鸣。然而这种命运论，本身就是结果论，像诅咒一般。因为抱持着"今天运气不好"的心情开始新的一天，于是不管遇见谁、做什么事，都持有负面态度，结果当然只会发生不好的事情。

看八字、看面相、看手相、解梦都一样，不是因为八字、面相、手相如何，或做了哪个梦所以变成怎样。一切都只是在结果上进行解释，然后再把自身命运套入其中，前后的因果关系可以说是本末倒置。

梁在雄 虽然人们时常称之为"命运"，但精神医学科称之为"强迫性重复"（repetition compulsion），指想要重复过去痛苦情况的一种强迫性冲动。简单来说，就是会重复做出不好的选择。当事人因不知道压力所引发的事件是自身个性或行为所导致的，而把它归咎于不幸或命运。

想要摆脱强迫性重复的方法只有一个 ——深入了解自

己是什么样的人、有什么样的性格，然后驱使自己在类似的情况下，做出不一样的选择。这就是所谓改变命运的方法。

不通过心理咨询或心理检测来了解自己，而只是借由外在的算命或占卜来自我分析，绝对无法改变、影响命运。付诸努力了解自我，找出自身需要改进或改正的地方，并在实际改变自己的同时给予自我反馈，就能让现实获得改善。

梁在镇 希望你可以把迄今为止通过算命或占卜听到的故事，多少作为大方向的蓝图，并且从现在开始创造自己的人生。在人生中贯彻主人意识，把主导权交给自己。

梁在雄 当你意识到生命的方向错了的时候，应当问问自己而不是身边的人。你要把人生方向之门的钥匙交给自己，保持主体性，继续开拓下去。不要因为一时得到安慰，就放弃改变自我的机会。如果不知道该怎么着手，希望你可以借由找专家做心理咨询，开始改变。

因为死亡焦虑，
过度依赖保健品

从初中开始，我就对死亡产生了恐惧。
当时奶奶去世了，大人们没有依照奶奶的心愿，
而是按照他们自己的决定为她上了妆。
不知道是不是出于这个原因，我更害怕死亡了。
长大成人后我对健康很执着，
光是服用的保健品就多达十几种。

梁在雄　在不越线的情况下，摄取缺乏的营养素、照顾身体的健康，这都不是问题。重要的是，当我们观察驱使该行为的心理状态时，大部分都会导向对父母死亡的想象，害怕父母离开身边。可以说，失去像父母这样关系亲密的人，是一件足以成为创伤、冲击性很大的事情。

特别是小时候和祖父母一起生活的人，祖父母的离世会成为幼时第一次接触到的死亡，因此很可能造成剧烈的冲击。如果与祖父母的心理距离很近，程度还会更深一

层。亲近之人死亡，再加上死后的化妆与葬礼等一连串事情，都会进一步加深对死后世界的恐惧。

只要是活着的人，都会对死亡感到恐惧。由于我们终究无法了解死亡的过程与死后的世界，所以有一部分的人对死亡怀抱着严重的焦虑。像这样对死亡及死亡过程极度恐惧的病症，就称为"死亡恐惧症"（Thanatophobia）。由于美国精神医学学会（APA）还未将此纳入精神障碍之中，现在一般都会诊断为焦虑症。

梁在镇　精神分析的创始人西格蒙德·弗洛伊德（Sigmund Freud）曾说，由于没有人事先经历过死亡，我们害怕的并不是死亡本身，而是儿时没有消化的心理矛盾。恐惧，是为了保护我们自身而发展出来的基本情绪。恐惧有两种：一种是**接受刺激与对刺激的解读**；另一种是**对刺激的想象**。

也就是说，恐惧分为现实与非现实的。现实的恐惧是对眼前危险所产生的反应，非现实的恐惧则是由想象而来。对于死亡的恐惧，就是源自想象的非现实恐惧，因为我们的大脑具有这样的特性 —— 无法掌握信息时，会以想象填补空白。

死亡对任何人而言，都是令人恐惧且难以接受的事情，但人终究会死，这是不会改变的真相。拒绝接受真相，折磨的只是自己。

如果还是难以接受死亡，逆向思考也是一种方法。与其把死亡当成未知的世界，不如去收集确切的信息，通过建立价值观，防止对负面想象产生焦虑，尽可能不要在自己的心中培养对死亡的恐惧。

害怕死亡，也反向证明了当下有多珍贵。因此对死亡适当的恐惧，也会演变成关注自我健康与注重生活方式的适当行为。越是努力回避和逃避死亡，就越容易感到空虚。在他人的死亡面前，与其担心自己也死了该怎么办，不如思考接下来的人生应该怎么走下去，这才是更明智的方向。

梁在雄　人生因为死亡而有意义。没有死亡的话，人生是无限的，那我们还有必要这么努力地活着吗？人们每天都在寻找意义，也是为了在死前留下努力生活过的痕迹。

正因时间有限，我们为了达到某个目标、留下点什么，才得以在努力和成长的过程中感觉到幸福，也才得以感谢这种还活着的感觉。希望你可以把这一点记在脑海里，与其害怕死亡，不如把重点放在活着时体验的幸福之上。

担心的事太多，
负面想法停不下来

我生性无法忍受独处，
但最近因为各种因素，独处的时间变多了。
于是想法也随之变多了。
一个想法接着一个，让我变得越来越抑郁。

梁在镇　生性想太多的人，大部分都会想象还未发生的事情，过度担心。像这种负面想法一个接一个地反刍，也是抑郁症的症状之一。他们会从某件事情发生的瞬间开始，想着各种可能引发的状况，并为此感到担忧。

很多情况下，虽然什么事情都还没发生，但丰富的想象力已经得出了结论。这种时候因为担心的事情往往超出了现实应该承受的规模，所以心理上也会更疲劳。

因为担心而事前做好准备，这肯定是正向的行为。但假如大脑中只是塞满了为担心而担心的事，对自己而言并没有任何益处。如果开始担心什么事，与其想尽办法消除担忧，不如直接面对这份担心，思考一下现在能做什么准备。如果现阶段没有自己能做的事，就要果断放下。

为了这个时候，我们需要练习"断念"。掉进思想海洋的时候，在茫茫大海中什么都看不见，也不知道自己在哪里，仿佛还没发生的事情已经发生了一样，很难从中脱身。

此时即便辛苦，也要练习自我分离，努力以客观的角度看待自己，区分出脑海中的无数烦恼里，哪些是实际已经发生在自己身上的事，哪些是还没发生但提前担心的事。当想法从已经发生的事情开始向外扩散时，就要立刻果断地"断念"。

梁在雄 比起只在脑海里思考，用文字整理出来会更好。

请试着区分担心的事情中，"现在已经发生的事情"和"还未发生的事情"，然后从已经发生的事情中，再划分出自己"可以改变的事"和"无法改变的事"。做完上述这些作业后，对付忧虑过多的最佳方法，**就是把精力与时间放在已经发生且自己可以改变的事情上，对除此之外的部分，选择放下与臣服，静待情况产生变化。**

"担心"是大脑中掌管情绪与记忆的帕佩兹回路受到刺激的结果，此时想法会一个接着一个，像雪球般越滚越大。我们可以通过刺激掌管理性、逻辑、执行的前额叶来阻断担忧。就像我们前面提过的一样，通过计划并执行一些简单的事情，比如运动、整理周围环境、写笔记、打扫卫生等，让我们有微小的成就感并获得反馈时，自然会对前额叶产生刺激，借此就可以阻断帕佩兹回路的过度活跃——希望大家可以牢记这点。

觉得会跟妈妈一样不幸，
因此害怕结婚

———————————————

为家人牺牲奉献的妈妈，受到爸爸经济与精神上的压制，
最后患上了惊恐障碍。
虽然我跟交往很久的男朋友连一次架都没吵过，
但我害怕婚后他会变得跟爸爸一样，
而我也会过上像妈妈那样的生活。
即使我获得幸福，也会对妈妈怀有负罪感。

梁在镇 很多人都会担心，父母的婚姻生活是否会成为自己未来婚姻的写照。与自己同性别的父母一方，是我们第一个接触到的范例，女儿自然会觉得自己像妈妈，儿子会感觉像爸爸。但是，我们跟爸爸或妈妈是不一样的人，而我们和自己所爱的人成立的家庭，当然也会有所不同，这是绝对不会改变的事实。

父亲压制母亲，母亲因此患上惊恐障碍之类的心理疾病，这种情况很可能是因为父亲的性格具有强迫性，他

不太信任周围的人，所有事情都想要自己掌控，希望配偶、子女都遵从自己的意思，而且在婚前也很可能就已经是这种性格了。

有些人会说，对方结婚前不是这样，婚后却变了一个人，其实人并没有那么容易改变。恋爱期间，人常常都只看自己想看的一面，然后按照自己所看到的那一面来评价对方；当婚后看到当初没看到的那面时，就会认为对方变了。但很有可能当事人原本就是那样的人，真要说起改变了的地方，应该是自己看待对方的视角和观点吧。

身为女儿，害怕跟母亲一样，过上不幸福的婚姻生活，是因为女儿在精神上还没完全从母亲身上独立出来，仍然把母亲和自己视为一体。认为自己幸福会对母亲抱有负罪感也是同样的道理，特别是在牺牲奉献型的母亲教育下长大的孩子，经常会出现这种想法。然而，这种负罪感完全是没必要的。与父亲结婚，生下子女共组家庭，这些都是母亲自己的选择，完全不是儿女能够介入的事情。

梁在雄 不过在这种情况下，由于母亲能够依靠的人只有女儿，孩子不断听着妈妈的倾诉，分享着妈妈的痛苦，所以比起思考自己是什么样的人，更容易思考"自己是母亲的话会怎么做"，并企图从这个立场寻找答案，因此女儿与母亲更难分离。

梁在镇 为了做到精神上的独立，需要客观地区分母亲与自己。看着母亲的遭遇长大的子女，虽然会害怕自己重蹈不幸的婚姻生活，但这一切都只是自己的担忧，并不是现实。会过上什么样的婚姻生活，是由自己决定的。

梁在雄 同时，也要重新思考父亲是否真的是坏人。对母亲来说，父亲可能是握有经济主控权并具有强迫型人格的人。但是把母亲所有的痛苦都归因于父亲，也可能是一种过度解读，因为精神疾病通常不会只由单一因素所造成。

我们需要换个角度思考，父亲对自己而言是什么样的父亲？丈夫和父亲扮演的角色并不同，不要以母亲的视角来评价父亲，而要努力从某个人的儿子或父亲、一个社会的成员等各种角度，客观地了解父亲是个什么样的人。这么做除了能够培养不从单一层面判断一个人的能力，也有助于让自己和母亲的精神分离。

梁在镇　现在年约六十岁的父亲一辈，青壮年时期在韩国的现实生活中，很难取得工作与生活的平衡，在那个时代的特性影响下，大部分子女跟母亲一起度过的时间都多于父亲。也因此子女在看待父亲时，比起客观视角，更多的情况都是用从母亲那里听到的故事，戴着有色眼镜看待父亲。

所以说，跟六七十岁的父母一起生活的三四十岁的青年们，很可能是原封不动地投射了母亲从父亲身上感受到的负面情绪，并同样从负面角度看待父亲。

我们都需要自我反省一下，跟母亲长时间共享情绪的自己，是不是只用了母亲的立场去看待父亲？是否也从来没有从客观的角度去评价过母亲？

梁在雄　我们应该从一个女人或一个人的角度来看待母亲，而不是从牺牲奉献的母亲、被父亲压迫的母亲这些角度。当我们拥有自己客观评判的标准时，就可以将这个标准套用在恋人身上了。对"跟恋人从来没有吵过架"这个情况，要抱持怀疑的态度，思考这段关系是不是只停留在表面，是不是在没有深度了解的情况下走下去的。如果彼此隐藏内心想法、小心翼翼地交往，就很可能陷入一味地把对方当好人、过度理想化的情况中。

梁在镇　可以跟某个人长时间恋爱，是因为发现了对方的很多优点。但是人的个性从某个角度来看是优点，而从另一个角度来看也可能是缺点。换句话说，当发现优点的时候，也代表他会有与之相对应的缺点存在。如果害怕自己的恋人会像有压迫性的父亲一样，就应该把他性格的优缺点区分开来重新思考一次。

例如，你喜欢对方细心地做好负责的事情、可以引导优柔寡断的自己、很有主见或很会做决策，那么他的缺点很可能跟你父亲的雷同。

所以说，一定要以客观的角度好好审视对方性格的优缺点，然后回过头看看是不是只看到了自己想看的那面，或者明明看到了某些问题，却只以"小失误"将其合理化，为对方找借口。

梁在雄　要想与某个人密切分享生活，就得学会客观看待对方。不是用二分法，好像一切看起来很好即可，而是要深入了解其优缺点，这样才能对一个人拥有广泛的理解。

如此一来，不仅可以摆脱期待与失望，让自己变得更坚强，还可以预测婚后可能会出现的问题。如果在情绪没有独立的状态下，失衡地侧重于某一方，不管跟谁结婚都很难获得幸福。

一定要避免的婚姻类型有两种 ——

❶ **为了从父母身边逃离的逃避型婚姻**：结婚应该在可以用客观角度看待对方，并可以做出一定程度的价值判

断后再进行。唯有先了解自己性格的优缺点并知道什么样的人适合自己，才可以做出决定。

假如会产生"婚后会把妈妈一个人留在家里"这样的负罪感，那么意味着你现在居住的家是不幸的，如此一来你很可能就会依赖着某个人，为了逃避现实而选择结婚，并对婚后生活抱有过高的期待。这种情况下的选择，将无法摆脱父母的影响，无法使自己独立做决定，反而是父母影响下的结果。

在这种情况下，你所挑选的对象很可能是自己想依靠的那种自律、独立的人，但也更可能是比父亲更具压迫性的人。于是，也就很容易重现父母的婚姻生活。反之，就算选择了性格不同于父亲的人，也很可能是个不负责任、做事拖延的、跟自己不适合的人。

❷ **按照父母的期望结婚**：若不具备从客观角度看人的能力，只为了满足父母而结婚，即便遇到再小的危机也很容易动摇。婚姻结果不尽如人意的人很可能会因此再

度怪罪父母，这种情况也是因为情感上没有独立而导致的。

梁在镇 结婚并不是为了长时间跟某人共度，一起白头偕老，逃避当下的人生。首先要检视自己是否在经济与情感上已经独立，有没有做好心理准备为对方负责，是否已经是个成熟的大人。确认好一切后，你才可能做出明智的选择。成为一位真正的大人，应该为自己做的选择负责，选择前必须慎重思考。

第 4 章

关注

—— 想得到所有人的喜爱，是一种本能

● ● ●

比起扮演他人期望的角色，
试着练习先考虑自己的心情吧！
不管别人怎么想，
要慢慢"练习不去思考"。

人生最重要的事，
不应该是担心他人的评价，而是找到"自我"吧？
这样才能真正拥有自己想要的、
独属自己的存在感。

对外貌焦虑，
担心没有魅力

大考近在眼前，
我却在担心入学后自己会被系上的男生比较相貌，
害怕他们在背后做外貌排行的时候自己不是第一名。
我想要摆脱这种想法，
但是无意识中又很执着。

梁在雄　每个人都希望得到他人的喜爱，也想要拥有值得被爱的条件，甚至有些人把这件事当成自己的人生目标。打扮也算是其中的一环。特别是当今社会，外在条件很大程度上左右了他人的好感度。随着年纪增长，在人脉或财产等方面拼命努力的人之中，也有很多人会认为，只有具备权力或物质条件，自己才会获得他人的喜爱。

但不管自身具备多好的条件，如果不认同自己、不爱自己，终究还是会怀疑他人的爱是不是真心，怀疑对方是不是只因为外貌或经济条件而喜欢自己，可想而知，也就会过着远离幸福的人生。

梁在镇　如果把自我评价的标准放在外在因素，自尊必定会下降。 特别是长得漂亮或帅气这类的评价，其标准大部分都来自他人。虽然自己也可以称赞自己的外貌，但只有在获得其他人的评价时，往往才会认为自己的外貌获得了客观认可。所以说，把外貌视为一切的人，更容易感到恐惧与焦虑，因为这意味着当某人对自己的外貌做出评价时，自身唯一的优点很可能会被否定。

前文中提到，精神医学科中，当职业功能与社会功能受损，以及出现人际关系问题时，会被诊断为疾病。诊断出的人格障碍，大致可以分为 A、B、C 三种类别，向下又再细分为几类。其中隶属于 B 类别的自恋型人格障碍（Narcissistic Personality Disorder）、反社会人格障碍（Antisocial Personality Disorder）、表演型人格障碍（Histrionic Personality Disorder），被视为问题最严重的类型，更经常被当作电影或戏剧的素材。

特别是具有表演型人格障碍或表演型人格倾向的人，也就是所谓"求关注"的人——我们在电视、自媒体上接触到的人，可以说大部分都具有表演型人格倾向，不过其与疾病的区别是，这种倾向是否使当事人感到疲累。

从这个意义上来说，即使知道过度关注外貌是有问题的，却停不下来，也值得反思。此外，对于自己抗拒的评价，也应该学会严肃处理——在背后讨论外貌排行等这类接近性骚扰的行为，也可能会构成法律层面问题，完全不需要害怕自己在这种错误行为中获得不够好的评价，也绝不应该为此担心。

梁在雄　如果担心自己的外貌会被拿来比较，就反映出你自己也正在拿别人的外貌做比较。正因为外表对你而言具有很重要的价值，所以你才认为对其他人而言，外貌也是最重要的价值所在。然而就算是对自己而言很重要、很有价值，在现实社会中也未必具有相同的意义和重量。评价一个人真的有很多种标准，如果你至今仍只被外貌所束缚，希望你能够试着想想那些你错过和需改进的东西。

还有，要远离会评价自己外貌的人。不只外貌，那些会否定你个性、行为的人也是，把他们留在身边，跟放任自流没有两样。希望你记得，**任何人都没有权利随意评价你**。

试着在外表以外的地方，找到自己其他的优点，然后持续发展这项优点，去认同自己吧！对其他人也是一样，别只依据外在条件评断，而要去培养从一个人的本质里发现对方魅力所在的能力。如此一来，即便自己对于外貌的自信心下降，或因上了年纪，外表魅力自然而然有所下滑，你也能够通过这段时间以来自己所培养的想法与价值观、待人处事能力和工作能力等其他优点，从中获得安全感。

希望你能够为了真正爱自己，开始做出改变。

内向的我也想受欢迎

虽然我性格内向，不善于表达内心想法，
但是内心希望能以自己独特的个性，获得许多人的关注，
也就是有现代人所谓"很想红"的欲望。
"红"跟"火"有一样的强烈形象，
但我穿的衣服几乎没有色彩，形象如透明一般。

梁在镇 人的个性不会根据外表被分为外向和内向。一般来说，我们认为活泼开朗且善于领导的人属于外向型，容易害羞和怕生的人属于内向型。区分内外向的标准在于那个人"如何向外传达自己的想法或情绪"，能够毫无保留地表现出来就是外向，不善于表达的就是内向。

外向的人会比较关注外界的情况，并对各种刺激做出积极的反应，在与人相处中可以获得活力；反之，内向的

人更懂得观察自己的内在，因为拥有良好的专注力和耐心，能够深思熟虑，细心处理工作。外向和内向并没有什么更好或比较不好，只不过是具有不同的特质。

之所以解释这些，其实只是为了告诉你，每个人想做的事、擅长的事、可以做的事都不一样。由于人们常会被与自己个性相反的人所吸引，所以内向的人也会有"想火想红"的欲望。

这种情况下，要先承认自己的个性与普遍定义的"红"有点距离，最好摆脱既有概念下"红"的形象，找到适合自己的"红"法。虽说"红"是一种鲜明的颜色，但根据不同的明度和彩度，也会呈现出各式各样的样貌。你要找到适合自己个性的颜色，通过这种方式，努力拓展和改变自己的个性。光是现在穿着红色衣服，是绝对无法"红"起来的。

梁在雄 想要改变自己，代表对现在的自己感到不满意。遇到这种情况，应该先思考一下，确认自己平时是不是总是顺应周遭的期待。如果一直扮演他人期望的角色，就难以展现自己独特的色彩。请试着仔细思考自己对自身的哪个部分感到不满意，又该如何精进才好。

希望你可以思考看看 —— 自己想成为的是否只是他人都觉得很好的样子？自己实际想成为什么样的人？自己拥有什么优点，又应该如何发挥这些优点？

然后从现在开始，把别人怎么看自己先放在一边，练习优先考虑自己的心情，也就是慢慢练习"不去思考别人怎么看自己"。**迎合他人虽然也很重要，但最重要的是"找回自己"，**不是吗？这么做，才能够真正拥有自己所期望的那种自我存在感。

过度表现只为博人眼球，
这是种病吗？

―――――――――

我总是想获得他人的关注与称赞，
得到赞美就会很兴奋。
反之，如果没有受到关注，
就会担心对方是不是讨厌自己，
甚至对此做出夸张的举动。
周围的人说我是关注病患者，我虽然因此很伤心，
但同时也很讨厌这样的自己。

梁在镇　如果情绪表现夸张、非常执着于周围人的眼光，去哪里都想集所有关注于一身，可视为有表演型人格倾向。如果进一步有经济功能和社会功能受损，或者引发人际关系问题，就会诊断为"表演型人格障碍"。就像我们先前提到的，电视上出现的人大部分都有表演型人格倾向。

具有表演型人格倾向的人，会出现以下特征：

❶ **焦点的中心一定要有自己**：假如去某个场合没有受到关注，当下就会感到非常难受，严重者甚至会突然生病。这是源于"宁可生病也要受关注"的想法，在无意识下生病了。这样的人也会为了受到关注，做出突如其来的行为。

❷ **情绪起伏非常大**：有人关注自己，心情就会非常好，但若这份关注转到别人身上，心情便会急速变得低落，一些细微的刺激都会使其情绪产生剧烈的波动。

❸ **在性方面非常具有诱惑性**：在言语、表情、行为上会无意识表现出可能令对方误会的性诱惑姿态。对话时非常戏剧化，句子里会放入很多形容词或副词。常说出很多美词丽句而本人毫不自知也是特征之一。

梁在雄　当表演型人格倾向的人获得关注，很多情况下身边的人也会感到幸福，可以听着华丽的故事，一起享受。问题就出在他们无法获得关注的时候，会做出让很多人感到不适的行为。在和乐融融的聚会上，气氛突然变差，常常是因为表演型人格倾向的人无法获得关注所造成的。

每个人都想获得他人的关注，这是人的本能，所以就算有人说你是"爱求关注"的人，也不必为此感到伤心。每个人都有这种倾向，我们应该顺其自然，首先确认自己在这方面的倾向是否比他人更强烈，若是，则承认。审视一下自己吧，这很有可能根本不是问题。

重点只在于 ——**是谁掌握了你的人生主导权？**如果情绪被他人的关注左右，等同于把自己的情绪遥控器交到别人手上。我们应该自己决定心情，人生的主体也应该是自己。换句话说，即使你具有这种倾向，你的情绪也应该由自己选择。记得时时刻刻提醒自己："人生的主人应该是我。"

马斯洛的需求层次论表明，从他人身上得到的需求相对容易被满足，尊重需求便是其中之一。**但我们最终要抵达自我实现的彼岸，如果把人生的决定权交到别人手**

上，是绝对无法达到自我实现的。

梁在镇　如果想知道自己喜欢、擅长、想做的事情是什么，就要学会在独处的时间里坚持下去。虽然一开始可能会觉得困难，但撑过去之后，就可以摆脱周围人的关注，产生保护自我主体性的力量。

我的社交媒体推文被说有文青病

我主修艺术，同时也会将作品或作品集
结合感性的想法或灵感来源一起上传到社交媒体上。
我喜欢大方地分享，但有些人跟我不同，
他们说我的行为令人感到肉麻，
指责我在玩艺术家cosplay，说我得了文青病。

梁在镇　最近人们常使用"艺术家病、文青病、弘大病"[1]等带贬义的字词来形容拒绝主流文化、喜欢追求非主流文化的人。主修艺术的人，把自身灵感或想法上传到社交媒体上，是再自然不过的行为了。不过，也应该扪心自问，上传灵感或想法的目的，是替自己增添色彩，还是写给别人看？

1.　韩国流行语，用来嘲讽不懂其真正含义，盲目跟随流行之人。——译者注

梁在雄 每个人都有属于自己的本色，哪怕有棱有角，但我们都是带着自己特有的个性出生的。然而随着青春期的来临，年纪增长，开始受到大众的影响，我们原有的色彩逐渐褪色了，就像是枝杈被剪断的树一般，个性也被削减了。如此导致很多人都失去了自己的个性，变成社会中的一个普通个体。

在迎合他人的过程中，被剪断的枝杈，很可能就是那无比珍贵、属于自我的东西。

当今社会，有很多人对真挚的东西会表现出反感的样子，就连蕴含着真心的文章或图片，在上传社交媒体的那一瞬间，目的和意义也都会受到怀疑。这种时候，若对方并非长时间关注你，而只是瞥过一眼就轻易发言的人，那他们的意见并不那么重要。他们只不过是短暂地觉得如此回复你很有趣，一下子又会转向他处的过路人罢了。希望你不要因为他们，就用其他颜色盖过属于自己原有的色彩，或削去自己的棱角。

梁在镇　这世界不全是我们独自生活的地方，因此在成长的过程中，还是需要一定程度地雕塑棱角的形状。这可以用"个人主义"（individualism）与"利己主义"（egoism）的差别进行说明，两者的区别就在于"是否对他人造成伤害"。如果你的个性不会对他人造成伤害，那就完全没有问题；但假使在展露自己的个性时会对他人造成伤害，则是不被容忍的。

虽然过度削除棱角，把自己变得毫无特色并不正确，但我们还是需要在一定程度上融入社会的框架。考虑自我意识与想法的同时，也要多少考虑他人看待自己的客观视角，并从中找到平衡。换言之，我们希望你犹豫的不是是否要表现自己，而是以社会化为基础，在培养现实感知能力的同时，展现自己的个性。

一独处，
就会变得很抑郁

八年来，我一直从事着需要跟很多人打交道的工作，
一直以来把大量精力耗费在外部世界。
出于对这种生活方式的怀疑，我纵使有自己的时间，
也经常感到抑郁。
就算想听听歌、看看电影，享受这段时间，
但只要陷入歌词或故事情节，我就会开始哭泣，
心情变得抑郁。

梁在雄 明明心理上已经对与人交流感到疲惫不堪，为了帮自己充电而离开人群，但在属于自己的独处时间里，却开始胡思乱想、变得抑郁——我想不少人应该都对此有共鸣吧！这个时候，可以观察一下一个人也可以过得很好的人都是怎么度过这些时间的。假如你连这种努力都已经做过却仍抑郁，最好的方法就是"进一步仔细观察自己内心的想法"。

梁在镇 长期从事跟很多人打交道的工作，任谁都会陷

入"矫饰主义"[1]。如果出现这种情绪，最好的方法是告诉自己："每个人都可能会有同样的情绪。"然后理所当然地接受它。

特别是在新冠疫情中断了职场上的人际沟通，又对户外活动造成限制的情况下，更容易加深抑郁感。平时即便几个月都疲惫不堪，也可以凭借回到日常生活而重新站起来，但是在生活条件本身出现转变的情况下，很多人无法找到摆脱抑郁感的契机。

不可忽视的是，只是静静听歌、观赏电影，便毫无缘由开始掉泪，可能是心灵发出的信号。如果你持续觉得自己过得不够好，没有热情且充斥着负面想法，而且不仅身体上，精神上也感到疲惫无力，长时间垂头丧气……接受抑郁症检测会有所帮助。若有需要，心理咨询也是很好的方法。绝对不可以忽视内心发出的求救信号。

---

1. Mannerism，十六世纪中晚期欧洲的一种艺术风格。原指"手法"，后引申为形容"有意为之"的作风。——译者注

梁在雄　我们经常说"人没那么容易改变"，但讽刺的是，我们也经常说"那个人变了"。这代表天生的气质与成长环境会决定很大一部分的个性，随着时间的推移我们的个性都可能出现改变。以前看似无足轻重的小事，也很可能成为我们现在感到矛盾与疲惫的原因。

长期从事需要和很多人打交道的工作，但又不会对此感到厌倦的人，很可能是面对他人时可从对方身上获得能量的关系指向型。如果突然之间，他人的要求或评价无法再为他带来动力，反而开始成为负担和压力，那么就算他把精力花费在独处的时间上，也可能因为从来没有用过这种"充电"方式而难以产生积极效果。

简单来说，抑郁症是一种"过去经常使用，能够保护自己的防御机制（defense mechanism），突然之间失效"的情况。换句话说，就是需要建立新的防御机制。但因为从来没尝试过——严格来说连方法都不知道——也不了解防御机制之功效或压力应对方式，自然也不可能立即见效。

心理咨询就是在这个过程中给予帮助的。原本对我们来说不构成问题的事情，突然之间成为问题，需要新的应对方式时，就必须**先认识自己是什么样的人，了解自己一直以来使用的防御机制是什么，然后理解这些武器已不再足以解决人生问题，因此必须踏上跟专家一起寻找和开发新武器的征程。**

梁在镇 独处也需要练习。我们总有一天要从父母身边独立，也会面临要送别父母的时候；结婚后不可能永远跟另一半待在一起；职场上遇见的人也是反复地来来去去……也许独处从某个层面来说，就是人生的另一种写照吧！

如果不习惯独处，希望你能够自发地开始练习一个人生活。只要过程中找到适合自己的方法，相信你就能够克服独处的问题。陷入矫饰主义抑郁度日，还是鼓起勇气踏出一步寻找自己理想的样子，取决于你自己。

第 2 部分

找不到自己与他人之间的心理平衡

第 5 章

家庭

越靠近就越要客观以待

有些家庭表面上看起来很和睦，
深入探究后才知道当中有人不断地牺牲，
用一个人的牺牲换来的和睦，
不是真正的和睦。

没有必要因为是家人，
就一定要经常见面。
在拥有力量承受来自家庭的压力之前，
保持距离也很好。

与爸爸之间有矛盾，
我们能变亲近吗？

在保守的爸爸眼里无所谓的小事，对我而言却是种伤害。
用传统思想武装自己的父亲和身为新女性的大女儿之间，
有和睦相处的方法吗？
彼此之间需要什么样的理解和宽容？
有办法缩短平行线间的距离吗？

梁在镇 拥有完全不同价值观的两个人，确实很难毫无
摩擦地好好相处，就连家人也不例外。如果与过度坚守
旧时代思维的父亲之间有矛盾，最好的解决契机当然是
"父亲发生改变"，但是这种可能性微乎其微。这种时
候，就要先认识父亲是什么样的人，尽量不常见面，这
也许是最好的方法。

**这方法也许听起来有些冷血，但其实家人之间不一定就
要经常见面。在拥有力量承受来自家庭成员的压力之**

前，保持距离也很好。此外，也希望你能记得，**太长时间跟家人一起相处，反而可能会使关系恶化**。你可以试着经常见面，但把时间缩短成一两个小时，不过这么做相对地也必须承担因此而生的负罪感。

梁在雄　如果有人可以伤害到自己，表示那个人的言语和行为会对自己造成强烈影响，这代表我们并没有从对方的言行中独立出来，也可以说是没有保持适当的情绪距离。如果"身为个体的自己"变得更加坚定，就可以用看待个体的视角来看待父亲，如此一来就得以摆脱一定要跟父亲好好相处的压力，放下那份负罪感与义务感。

如果你正在接受父亲的经济援助，"从父亲身边独立"是一种让自己变得更坚强的方法。接受援助，就代表父亲在自己的人生中持有相当高额的股份，仿佛住在父亲家，父亲就有权利对你"指手画脚"那样。虽然这句话很无情，但父母与子女之间也没有免费的午餐。

讽刺的是，你必须先接受"天下没有免费的午餐"这件事，才可能不再受到父亲的伤害。所以要先让自己坚强独立，然后再培养客观看待父亲的能力。

梁在镇 从"要与父亲和睦相处"的压力中抽身吧！等到你准备好接受最真实的父亲时，那位讨厌的父亲看起来只不过是一位年迈又无力的可怜男人而已。

不想跟姐姐一样任性，
所以忍气吞声过日子

父母已经渐渐放下经常跟家里吵架、任性的姐姐。
但每当我跟父母发生争执，
他们就会质问我是不是越来越像姐姐，
会不会变得跟姐姐一样。
为了家庭的和睦，我一直忍气吞声，
但我的内心好像越来越扭曲了。

梁在镇　如果家里面有一个足以被称为"全民公敌"的人，从小看着他长大的过程中，脑海里一定会想着"日后绝对不可以成为那样的人"。甚至当家庭成员中有人指责自己跟他越来越像时，内心的感受会超越警惕，而达到恐惧的程度。对一个不想跟某人越来越像，每天谨言慎行过日子的人而言，肯定会对这样的负面反馈感到难以承受。

梁在雄　这样的人除了在家里无法正常表达情绪以外，

在外头也很可能会为了维持社会关系而压抑自己。不断地压抑再压抑，渐渐变得讨厌和憎恶人群，最后甚至会想要躲开所有人，离群索居。

梁在镇　每个人都是通过与父母的关系，学习建立人际关系的。若从小就开始跟家庭成员相互比较、压抑自我情绪，大多数情况下，日后在学校或社会的人际关系中，也很容易变得无法好好表达自我的感受。

怒气，是一种必要时需要被传递给对方的情绪。用"言语表达生气"与"发火"明显是不一样的。如果你一直以来都隐藏着自己的怒气，那么就应该从现在开始练习不要情绪化，而是要以理性的方式表达"愤怒"的情绪。

讨厌的人和自己之间相似的程度，很可能并不高。即便真的拥有相似的要素，那也只不过是我们自身拥有的各种面貌的其中之一，这种时候，最好可以果断承认这是自己需要改进的方面之一。

梁在雄　被认为有问题的家庭成员，实际上很可能是任性的人，但无论如何都一定要知道这个想法的产生是基于家人的立场，自己很可能在不知不觉间内化了家庭的价值观，所以也把对方视为坏的或负面的存在。不过若以"个体"的观点来看，当事人很可能只是比任何人都更重视自己，愿意为了自身幸福去回避家人的期望，选择了承担这份冲突。

我们应该把自己从家人之中独立出来、分开看待，想想自己这段时间以来是不是把重点都放在家人的期待上，盲目地看待自己？是不是顺从了家人的要求，却彻底忽略了自我的期望？如果在这个过程中内心感到不舒服，代表你开始对自己产生了问题意识。光是可以意识到自我的内在，这件事本身就是万幸。

美国心理分析学者埃里克·洪伯格尔·埃里克森（Erik Homburger Erikson）主张青少年时期为了寻找自我认同感，必须完成两项课题：❶ 归属感的发展。❷ 对外部的探索。这两者之间不可以偏向任何一方。

所以有必要回过头检视，这段时间自己专注于家庭归属感的同时，是不是把自我认同感跟家庭混为一谈了。如果是这样，我希望你把自己的能量转移到外部，跟其他人一起探索这个世界，同时专注于了解自己真正想要的事物。

然后，希望你可以用属于自己的新观点，重新检视自己的家庭。每个人都会站在自身立场，并有各自不同的期望——希望你能够专注于这个事实，并在"自己能为家人所做的事"以及"自己想做的事"之间找到平衡。

梁在镇 **牺牲一个人所换来的和睦，不是真正的和睦。**作为一个成年人，我们需要与家人保持适当的距离，不要过度忍耐，也不要为此自责，请称赞自己一直以来所做的努力。

用"煤气灯效应"控制我的妈妈，
让我想寻死

十多年来，在爱的名义下，
我被妈妈以"煤气灯效应"（Gaslighting）控制。
每当我让她不顺心，她就会切断经济支持，
直到我求她原谅为止。
现在我想努力摆脱控制，
但是我已经成长为一个高依赖性、低自尊感的人了，
脑海里也不断冒出极端的想法。

梁在雄　　所谓"煤气灯效应"，是一种巧妙操纵他人心理状态，让对方自我怀疑、失去自信，最后丧失现实感与判断力，以此强化自身支配能力的手法。

这个用语源于电影《煤气灯下》（Gaslight），电影中的丈夫为了抢夺妻子从阿姨那里继承的遗产，给妻子"洗脑"，让她认为自己是不正常的人。每当丈夫为了寻找阿姨的宝石，登上阁楼翻找的时候，他就会稍微调暗煤气灯。由于身边的人都不相信这件事，妻子也开始慢慢

认为是自己疯了。最后多亏调查案件的刑警认同妻子所说的事实，妻子才重新找回对自己的信任。

当父母操纵子女的欲望非常强烈，而子女全盘接受来自父母的操控时，就可以说子女是遭受"煤气灯效应"的控制了。面对会限制自己与周遭联系最后导致自我孤立的人，就算对方是自己的父母，子女也无法与他们建立起健康的关系。

但这无关乎"煤气灯效应"，父母就算没有给予子女无条件的爱与支持，我们也不能对他们指指点点。有会用温暖话语给予无条件鼓励和支持的父母，当然是最好的，但在为人父母之前，他们也都只是普通人，每个人的价值观肯定都不一样。

既然给予了经济上的支持，就代表自己可以要求持有子女人生的控制权 ——我们必须承认这句话具有一定合理性。如果想要努力摆脱父母的"煤气灯效应"控制，就一定需要在现实方面独立。你要思考一下，父母期待的样子和自己现实模样之间的差异，以及这种差异最终是否进一步催生了愤怒。

梁在镇　如同前述，父母与子女之间的身体、精神、经济独立中，最重要的就是经济独立。唯有经济独立之后，精神才可能独立。

如果父母切断经济支持后，央求父母原谅的行为一再出现，那就代表可以操控的条件与情况已经很明确了。如果对方是操控欲望较强的人，当然会灵活运用这一点。

如果想持续从具有操控倾向的父母身上获得经济支持，那么相同的情况就会一而再、再而三地发生。如果真的想摆脱父母，就要先经济独立，付诸努力把自己与父母分离开来，让自己成为一个独立的个体。就算身为子女，也没有必要全部听从父母的期望。

梁在雄　如果不想让他人随意断定或干涉自己的人生，就必须在某种程度上放弃来自他们的爱与安逸，也必须

忍受与他们保持距离所带来的焦虑感和负罪感。

另外，还需要观察自己有没有把对自己的愤怒投射到父母身上。如果想要摆脱父母却又无法离开父母，也可以解释为自己有想得到肯定的欲望。而且有可能不止父母，连自己都有操控他人的倾向，很可能是在这部分上产生了冲突。

梁在镇 父母所创造的世界，并不是这个世界的全部，不要只在父母打造的世界里，抱着那些痛苦又极端的想法。这个世界不是只有跟"父母一起生活"或"死亡"这两种选项，也有很多健康地摆脱父母、找回自我人生的方法。从这个框架中走出来，放眼看看迄今为止你所生活的另一个世界吧！

如果无法仅凭一己之力，请一定要接受专家的帮助。务必要从对方给自己的信息中退一步，持续客观地观察双方之间的关系。

妈妈离世后，
迟迟无法从悲伤中抽离

母亲跟癌症长期抗争后离世了。

这也不是意料之外的情况，

即便如此，也丝毫无法减轻我对于母亲不在了的恐惧。

如今整个世界好像只剩下姐姐和我。

虽然日常生活没什么问题，但只要一回到家，

我就会陷入对母亲的负罪感与对死亡的思考之中。

梁在雄　电影《复仇者联盟：终局之战》（*Avengers: Endgame*）中有一幕是美国队长跟大家坐在一起讨论消失的人，这是非常重要的哀悼仪式与哀悼相关的治疗。

其实哀伤反应和抑郁症症状非常相似，一般会持续两到六个月，如果症状持续更久，就需要接受治疗了。如果情况严重，建议前六个月也要接受等同于抑郁症的治疗。如果无法通过自己的力量克服这件事，最好寻求专家的帮助。

人们在面对失去的时候，会有否认、愤怒、讨价还价、抑郁、接受五种反应。这些反应不会依序出现，而且可能再次逆行或反复发生。此时最重要的是，与身边认识已逝者的亲友一起聊天和回忆。

梁在镇　然而大部分的人，在面对家中亲人离世时，都选择避而不谈，也就是处在各自的空间里，独自努力地战胜死亡。不过这当中不但存在着光靠自己无法战胜的部分，也很可能造成遗属之间的误会和冲突。若所有的人齐聚一堂，分享对逝者生前的种种回忆，才更可能渐渐接受亲人的死亡。

就如同小说《生者的悲伤》(살아남은 자의 슬픔)所写的那样，失去某位共同生活的人之后，大部分人在悲伤的同时也会产生负罪感。"如果我可以对他再好一点""如果我再多关心他的健康""如果我那个时候没做错事"诸如此类的负罪感会不断席卷而来，这都是正常的哀伤反应，也是抑郁症的症状。

如果在这个时候自我孤立，会带来更大的负罪感。因此我们一定要通过和家人聊天，获得情绪上的支持，知道这不是自己的错，了解自己已经竭尽全力。假如没办法跟家人聊天，或者独自被留下了，即便只是初次见面的关系，也要和专家谈话，让自己喘口气，努力接受这份死亡的发生。

梁在雄 失去子女的夫妻多半选择离婚，也是因为心中无法放下逝者。失去了孩子，承受过他人难以想象的压力后，因为害怕造成伤害，彼此犹豫无法开口。结果在这个还未复原的伤口上，又积累了更多误会和憎恨，最后连面对彼此都变得痛苦不堪。

死亡不是一个人能够阻止的事情，死亡是生命的一部分，任谁都无法逃避。失去重要的人一定会产生负罪感，但不管再怎么自责也无法挽回了。把心里那份负罪感视为理所应当的情绪，然后接受它吧！不要太深陷其中。只要好好撑过这段时间，渐渐就会有更坚强的心智去面对死亡了。

梁在镇 国外的电影里，甚至出现过用派对取代葬礼的画面，因为度过了一段没有悔恨的人生，与其为他悲伤，死者更希望大家记得他曾经过得很好。即便没有做到这种程度，其实在国外也还是有一起观看逝者照片或影片，共同分享有关死者生前种种回忆的葬礼文化。反之，我们因为对死亡感到怨愤和惋惜，所以严肃谨慎地对待着这件事。过去韩国曾经有过为此歌唱的文化，不过现在已经消失了。

梁在雄 据说人类开始理解死亡的年纪是十岁。为了建立不只以负面角度看待死亡、能更毅然决然接受的文化，应该要让孩子从小开始认识到死亡是件自然之事。通过改变葬礼文化以改变对死亡的认知，可以说是我们这一代人的责任。

除了难过地缅怀逝者以外，笑着回忆过往的幸福，也是让留下来的人继续生活下去的重要过程。因为逝去的人，一定不希望你为他过度伤感；相反，他比任何人都更希望你能笑着活下去。

"长女"二字，
让我这辈子都无法活出自我

我在祖父母的照顾下长大，
小我一岁的弟弟独占万千宠爱，
所以我从小就非常渴望得到关爱。
一直以来"姐姐"与"长女"的称号重压在我肩上，
即便如此，只要看到或吃到好吃的东西，
我还是会想起妈妈，
对于自己独自享受而感到罪恶。

梁在镇 许多长女和长子从小开始就会被父母赋予"照顾弟妹"的使命，有时候还需要承受"老大表现得好，其他兄弟姐妹才会效仿"的压力。因为是长女和长子，比起其他兄弟姐妹，多半从小就背负着偌大的责任感。

在这种情况下，长子虽然要承担家里的责任，但相对地也会获得诸多补偿。相较之下，被赋予义务的长女却无法获得对等的权利。虽然现在这种情况已经好多了，但缘于重男轻女的思想，在大多数情况下，儿子仍被视为家中的资本，在教育方面获得更多支持；女儿却必须投身生活的前线，这也是最近在韩国出现"K- 长女"[1]这个新兴词语的背景因素。

有些家庭表面上看起来很正常和睦，但深入探究之后，会发现其中有一人一直不断地在牺牲 —— 这个角色大部分是母亲或长女。问题出在有很多人直到忍无可忍爆发之前，都不知道自己是牺牲品，连家人们也对这个角色感到理所当然。

若成长过程中，不是由父母而是由祖父母抚养的话，就更容易在重男轻女的环境下长大。

明明自己努力想成为一个有用的人，却无法获得相对的正面反馈，当然会令人感到空虚，以及相应的被剥夺感。

---

1. K 即"Korea"，这个词指韩国家庭里的长女。——译者注

梁在雄 来精神医学科就诊的女性里，长女的比例相对较高。这当中有人因被要求一定要成为有用的人，导致长期无法休息，更由于无法拒绝别人的请求，最终导致情绪爆发，甚至患上恐慌症。

之所以如此，就是因为个人价值无法被认可，只好不断在效用性上寻求认同。尤其女性感知情绪的能力较强，往往会根据父母期望的方向去生活，尤其容易理想化，并认同母亲的决策。在这个情况下，如果结果不尽如人意，会很难认为这是自己所做的决定。

如此处境中的你，若对母亲产生负罪感，就要先追溯这个想法从何而来。问问自己，这究竟是出于长女对母亲的负罪意识，还是对母亲纯粹的爱？如果对某人产生负罪感，这个对象的形象很可能早已扭曲，所以需要努力做到客观地看待自己与母亲。

大部分父母在老大照顾好兄弟姐妹的时候都会给予称赞，孩子为了被称赞，就会更努力地照顾弟弟妹妹。当这个情况反复发生，孩子甚至会逐渐担心父母，特别是长女还会去揣摩并思考母亲的立场。

问题在于，此时母亲不仅没有珍惜孩子的心意，反而会倾向于依赖孩子。当孩子已经不再像孩子，开始背负起这些重担时，父母一定要将"你还只是个孩子，不需要照顾父母"的信息传递给他或她。

梁在镇 如果没有经历这个过程，持续维持与母亲之间情感上的亲密，长大建立自己的家庭之后，也还是会继续牺牲并努力付出。但无论再怎么无私地牺牲，只要是人都会产生期待。如果这时候没有得到适当的补偿，会使背叛感和怨恨进一步加剧。父母与子女之间也需要保持适当的距离，如果长女与母亲的关系过度紧密，就有必要重新审视彼此的关系的边界。

如果你认为自己是"K-长女"的话，希望你可以好好思考，你为了家人或母亲所做的事情，究竟是为了他们还是为了满足自己，或者只是因为不如此做就不安心？

家人之间也需要保持适当的社会距离，希望你通过练习让自己过得更加舒服。

专栏

**虐待儿童，
就算用鲜花也不行**

在韩国的个别家庭，什么都不懂的孩子遭到无差别施暴、才刚出生没几个月的婴儿死在大人的手中……儿童虐待在韩国社会成了严重的问题。由于目前严格的儿童虐待标准，使得更多案件浮出水面，但其实这个问题一直都存在。甚至不久前，我们都还处在为了教育孩童，把体罚视为理所当然，对其放任不管的社会氛围之中。

如今随着双职工家庭增加，被送到托儿所或幼儿园的孩童遭受虐待的事件，成了严重的问题。父母亲的不安，更使得大多数善良的教师因成见和偏见饱受折磨。

为了解决这一问题，托儿机构应由国家主导控管，同时也要严格选拔教师，并赋予他们可以获得责任和报酬的资格证。对那些因社会风险或经济困难还在苦恼怀孕与生育问题的人而言，一味提供儿童津贴补助并不是解决方法。与此同时，整个社会也必须持续关注儿童遭虐待的问题。

儿童遭虐待相关资料中，最令人震惊的事实是——80% 的加害者是亲生父母。电影《白小姐》(미쓰백) 中描绘的亲生父母虐待儿童事件，虽然难以置信，却是现实中正在发生的事。受到亲生父母虐待的孩子会和父母分开，被送到收容所，但因小时候暴露于暴力之下，会反复受创伤，经历各种心理问题。

虽然不是正式的医学名称，但我们通常称之为**"复杂型创伤后应激障碍"**（Complex Post-Traumatic Stress

Disorder，C-PTSD），症状是大脑的杏仁核过度活跃，情绪起伏非常大。这种情况又被称为"人格改变"，表现为——在微小刺激下，患者容易感到自己被忽略，瞬间产生愤怒、抑郁、无力等剧烈的情绪变化。由于自我认同混乱，以及自我不健全，也会使患者看起来像边缘型人格障碍（Borderline Personality Disorder）。所谓的边缘型人格障碍是因包含自我在内的人际关系不稳定，而出现情绪起伏激烈等长期且不正常模式的人格障碍。

受到虐待的孩童，会努力在当下把"自我"与"自己"分离。由于承认那个受到父母施暴的孩子就是自己时，整个世界会瞬间崩塌，因此会出现把自己跟受到虐待的自体分离的症状，这也会导致"我好像不是我自己"的人格解体症状。

成年后的他们，不仅会有失眠、消化障碍、心血管疾病、皮肤病等身体症状，精神方面也会发生各种人格变化。由于内心在"试图理解父母"与"想要报仇"之间呈现高度混乱，不断有善与恶的挣扎，他们会产生自我分裂的感觉。

如此会造成两个问题——首先是"认同攻击者"，虽然憎恨对自己施暴的父母，但同时在行为上也会不知不觉地越来越像他们。当他们判断对方比自己弱时，就会通过相同的加害方式，确认自己并不懦弱。当他们不断把自己摆在受害者位置时，这种行为就是摆脱失败意识与自我厌恶的一种防御机制。

另一个问题是在包含恋人关系的各种人际关系中，面对对自己亲切的人，会感到不安全感，容易产生排斥心理。

这些人由于在幼儿时期与父母形成亲密关系的过程中，面临暴力带来的生存威胁，误以为暴力和责备是表达爱的方式。结果导致成人后，反而在对自己造成伤害或随意对待自己的人身上感受到安全感，更可能演变成"即便知道这样对自己有害，也无法断绝关系"的问题。普遍可见的约会暴力、被施暴却又无法分手的恋爱关系，就属于这种情况。

儿童虐待的加害者，很可能存在酒精或毒品依赖及药物成瘾问题，而且他们自身也多有童年时期遭受父母虐待的经历。即便没有直接对孩子施暴，父母之间也很可能彼此施暴。儿童虐待的加害者大多数都认为孩子不是个体，而是自己的所有物，只要孩子没有如自己所愿，就会忍不住施加言语或身体上的暴力。

　　此外，如果主要养育者患有抑郁症，因为无法控制情绪，很容易一时冲动就发泄怒气和诉诸暴力，然后又因此感到自责，大多数会陷入越来越抑郁的恶性循环之中。其实在养育孩童的时期患上抑郁症并对孩子施暴，是最痛苦的事情。虽然表面的情况是虐童事件，但其中却隐含着养育者自身受到抑郁症的影响。

　　除了抑郁症以外，还有很多情况是因为"加害者在情绪上感到无力"。这种情况下，因为自己没有多少可以施加影响力的对象，所以才对无法还击的孩童施展暴力。

这也是我们社会要对产后抑郁症提高警觉的原因。韩国所谓的"扩大性自杀",就是杀人后自杀,常常是孩子在没产生自我意识的情况下遭到杀害。无论平时再怎么优秀或成熟的人,都可能犯下这种令人发指的罪行,而且这些事情是真实发生的,可以说是非常危险又可怕的。

产后抑郁症的发病率在 10% ~ 15%。根据韩国医疗制度,妇产科通过健康保险诊断和对治疗抑郁症有时间限制。尽管如此,治疗抑郁症所使用的抗抑郁药物,要经过三到四周才会看见效果,且最少要服用六个月才可以降低复发的概率。

因此,建议到精神医学科接受治疗,只要及时且持续接受治疗,产后抑郁症是可以完全治愈的疾病。但大多数人都因为偏见和排斥而拖延,导致病情进一步恶化。

另外,在非本人意愿的情况下怀孕生子,经常会演变成虐童案件。怀孕和生产导致当事人在社会和经济方面陷入困难，会让人把所有发生的困难都归咎于孩童。

虐童事件的受害者长大成人后，也会继承暴力，成为同样的加害者吗？有办法在无力感中好好生活吗？1954 年夏威夷考艾岛（kauai），对该年度出生的 800 多名孩童进行了三十年的追踪调查研究，这项大规模研究是为了了解周围的条件或环境会对个人成长造成什么样的影响。800 多名孩童中，有 200 名孩童是虐童案件的受害者，研究人员预测这些孩子成年后会心理扭曲，无法过上正常的人生。

但是研究结果显示，在这 200 多名孩童中，有 30%的孩童比在普通家庭长大的孩子，拥有更高的社会地位与更加成熟的性格。而这次的研究，使"心理灵活性"（psychological flexibility）一词初次问世。这是指一种人类在逆境和考验中，产生将失败作为踏板，想飞得更高的心灵力量。

拥有这般心理灵活性的孩子都有两个共同点：❶ 与父母保持情绪上的距离。❷ 独立思考自我。他们会寻找新的典范并学习他们的生活方式，努力持续以理性的角度看待事物且规律运动。在如此日复一日地实践计划与目标的过程中，前额叶受到了强化，因而可以抑制杏仁核过度活跃。

当孩子受到虐待或者父母吵架时，孩子最先想到的往往是"这是不是我的错"。正如"虐待儿童，就算用鲜花也不行"这句话一样，请不要因为一瞬间的情绪，犯下无法挽回的错误。

我们也要多多关注身边的情况，观察其他家庭的孩子。**阻止儿童虐待的关键在于周遭大人的关心**，只要和孩子亲近，就不难发现那些在身体、精神上遭受的虐待痕迹。一份小小的关心，便可以挽救一个孩子的生命，让他得以正常成长。

第 6 章

朋友

聪明的选择，绝交或关心

● ● ○

心里很痛苦时，
一整天都很难摆脱负面的想法。
但越是这种时候，
就算再累，也要从客观的角度看待事情。
用比目前所处境况更高的视角，
近距离地观察自己的内心吧！

不要把问题的原因归咎于自己，
最重要的是了解自己的心理状态。

青少年时的校园霸凌，
依然困扰着长大后的我

初中时我曾遭受两年的校园霸凌，
如今成为大学生的我依然为此困扰。
偶尔回想起来，我还是会流下眼泪，感觉胸闷。
即使在参加校外活动、接触很多人的时候，
我也会无意识地建立起心理防线，
对于缔结一段新关系深感恐惧。

梁在雄 儿时创伤的经历，在大脑成长过程中，会对人**格形成带来致命的影响**，可能会使人变得小心翼翼、畏畏缩缩，或者回避人际关系。英国伦敦国王学院研究小组的研究结果指出，儿时受到排挤的后遗症，就算经过四十年还是会对大脑产生影响，即便说是会左右人的一生也不为过。相对来说，治疗也绝非易事。

梁在镇 学生时代遭受校园霸凌的人，大多数有过类似创伤后应激障碍的症状。治疗困难的原因在于，目前的生活中并不存在需要克服的对象，只是过去的经验或对象在脑海中不断放大，就好似在跟一个没有实体的敌人战斗一般。

他们回到过去，不断尝试对折磨或排挤自己的对象做点什么，但光是尝试这件事情，就足以令自己感到恐惧和不安。毕竟要对一个自己努力多次尝试的人提供其他建议或方法，其实也并不容易，站在那个人的立场也很难听进去什么。

所以说遭受校园霸凌的人，大部分会在经历校园霸凌后许久，长大成人之后才到精神医学科就诊。他们所面对的事实与想踏入社会的意愿相反，过往创伤紧紧抓着他们不放，结果大部分人在经历抑郁症或焦虑症后才就诊。

受害者除了对主导校园霸凌的加害者有所不满，对于袖手旁观的人也同样怀抱强烈的愤怒，最后便感觉社会上大多数人看待自己的角度，都跟这些人一样。

梁在雄 校园霸凌因为是儿时经历的创伤，所以跟儿童虐待是一样的。校园霸凌事件的受害者的根本心态是无力感，比起对加害者感到愤怒，更多的是对当下无法做出任何反抗的自己所产生的惭愧感。久而久之，便陷入了自我厌恶。

在这个状态下长大的人，很难建立深度的人际关系。除了会对缔结新关系的人筑起心理防线外，也会害怕自己再度成为被施暴的对象或弱者，因此处处提防。

或者，他们会以相反的形式呈现，就像先前所述的"把自己与加害者一视同仁"，对比自己更弱的人施加威胁，或者同样行使暴力，为的是证明自己并非弱者。

即便现在已经跟当年还是孩子的自己不一样了，但是长大成人的身体中，依然存在着那个孩子。不管外在行为再怎么像大人、在社会上有多功成名就，心里的那个孩子仍然处于受伤的状态，最终还是会阻碍自己成长为更成熟的大人。

所以在治疗一开始，就要先带出自己内心的小孩，正面面对，不再逃避儿时的自己，亲自确认自己已经成为不会再受伤的坚强成年人。但是要独自做到，可能是很困难的。

因此，最重要的就是要带出自己内心的小孩，与不会忽视这个小孩的对象建立新的交流，而不是建立一段会让人无意识筑起心理防线的关系。确认可以展现自我后，接着进入确认可以自己守护自己的过程。经历了这些之后，就可以在一段新的人际关系中更有自信，最终摆脱自我厌恶。

梁在镇 这世上一定存在着摆脱校园霸凌创伤的案例。随着社会地位或经验改变，可以打破所谓加害者与受害者的关系。为此，最重要的就是与他人保持平等的关系，并亲自从中体悟。

只要持续在各种人际关系中体验，了解并非所有人都是要伤害自己的人，且自己也不是会在人群中成为目标的弱者，最后，一定可以发现那个能用开放心态待人处事且成熟的自己。如果你正因为校园霸凌的创伤而饱受痛苦，那么从现在开始接受专家的帮助，试着努力克服吧！

朋友从外表到行为，
模仿我所有的一切

当朋友第一次模仿我穿衣服的时候，
我还认为应该是因为流行衣服都很像才会撞衫。
但随着时间的推移，
我发现他不止发型、耳洞等外貌上的特征，
连我的语气、行为甚至交友方式都模仿，
这让我感到很害怕。
那位模仿我的朋友，到底是基于什么心理才这样做？

梁在镇 以类似故事为题材所拍摄的电影或电视剧很多，每个人都一定有过模仿别人或被别人模仿的经历。网络漫画、电视剧《奶酪陷阱》（치즈인더트랩）中，模仿洪雪的孙敏秀就是典型的案例。

电影《双面女郎》（*Single White Female*）也是以这个主题拍摄的作品。主角海蒂把室友艾莉当成自己于事故中身亡的双胞胎妹妹，所以开始模仿她所穿的衣服、鞋子、发型等一切，甚至为了不让艾莉被抢走，杀害了艾莉的男朋友。可以说海蒂在成长过程中，就出现了边缘型人格的倾向，最后演变成为边缘型人格障碍。边缘型人格倾向是喜欢模仿他人的人会出现的共同特征，以海蒂的情况来说，主要是想要拥有对方，害怕被抛弃等原因所引起的不安导致了这种倾向。

梁在雄　边缘型人格倾向最大的问题出在自我认同的混乱，也就是缺乏自我认同，或被称为自我认同迷失。简单来说，就是没有所谓的"自我"。这种人由于自我与对方的界限不明，所以当喜欢上某个人，就会想跟对方成为一体，无法理解何谓适当的距离感。因为希望对方跟自己所有的一切都一样，一旦感觉双方不一样，便会难以承受彼此之间的差异。

大部分人是以自我为中心生活着，与身旁的家人、朋友、职场同事保持界限感，并会依序排列这些人的重要性，但是具有边缘型人格倾向的人，这个顺序杂乱无章。就连面对第一次见面且不太了解的人，他们也会把对方理想化或偶像化，称对方是"挚友"；即便已经建立了长久的人际关系，也可能在一夜之间因关系贬值而绝交。除了自己与他人的关系以外，这些人对于自己和这个世界的界限也很不明确，可能会为了确认自己是否还活着而自残。

说到偶像粉丝文化与自我认同的关联性，大致上可以解释为两个关键词——"偶像化"与"一体化"。偶像的粉丝们大部分都是青春期的少男少女，原因就在于他们还没有树立明确的自我认同感。电视剧《冬季恋歌》（겨울연가）掀起的韩流热潮，也可以从同样的角度进行解读。一辈子都在照顾丈夫和子女的女性，在自我认同崩坏的情况下，将饰演男主角的裴勇俊理想化了。

换句话说，模仿他人会发生在自我还未发展完整时，大部分出现在成人阶段之前。但即便是成年人，在自我认同还未树立的情况下，也可能出现这种行为。在没有办法确定自己是谁、喜欢什么东西，自我认同尚未建立的状态下，就会想要跟看起来漂亮或喜欢的对象成为一体。

如果有人在模仿你，将你理想化或偶像化，从积极的意义上来看，你可以影响某个人，所以对方才表现出喜欢或想变得跟你一样的欲望。这种心情如果无法被克制，很可能会进一步变成对身边关系的嫉妒，所以我们必须帮助对方找到自我认同感，让他站稳自己的脚跟。

听到他们说我坏话后，
一切都变了

我跟平时一起玩的朋友吵架了。
最后我们没能和解，分道扬镳，
然后，我听到朋友说我的坏话。
那之后我每天都哭着睡着，
到学校的时候也无法做好表情管理。
我的自尊感好像变低了。

梁在镇　青少年时期，同龄人群体是最重要的世界。对于进入青春期的孩子而言，朋友取代了父母所拥有的影响力，这是人类成长过程之中必然会发生的自然变化。在这种情况下，如果听到朋友说自己的坏话，心里肯定很煎熬。

梁在雄　在这种情况下，要抛下之前一起玩的朋友，当事人心里肯定不好受。虽然还有些人是没有负罪感的，不过大多数人内心都会对对自己残忍的行为感到不舒服。然而青少年时，回顾自身行为具有何种意义的能力及再度回首的勇气都还很微弱。

每个人都会竭尽所能把自己的行为正当化，说坏话也是为了掩盖负罪感，将自我行为正当化的一环。不过年纪轻的人还无法做好价值判断，所以肯定会出现更出格的行为。所以说，如果听到青春期的朋友们说自己的坏话，务必要记得问题未必出在自己身上。

梁在镇　绝对不要专注在坏话的内容上，那些都是别人为了降低自身内心的负罪感，把行为正当化所说的轻嘴薄舌。最重要的是要了解自己的心态，是不是还想要和解后好好相处？如果想要再聚在一起，就要思考原因是什么；如果不想继续相处，就要慢慢思考自己想要和谁建立新关系。

梁在雄　就算被群体淘汰，也没必要一定得重修旧好，反而可以把这当作机会，检视群体成员在自己身边的时候是不是好人。无论是谁都会在人际关系里经历大大小小的纷争，互动过程中，我们会需要承认错误或请求道歉，但是没有必要留恋会说自己坏话的人。反而应该反问自己，对对方的留恋，是不是出于害怕被拒绝、被抛弃的心理。

梁在镇 同样的情况，也会发生在青少年期过后的社会生活中。很痛苦的时候，一整天都会出现负面想法，深陷其中难以脱身。但越是在这种时候，即使再累，也要用客观的角度看事情。用比目前所处境况更高的视角，近距离地观察自己的内心吧！

不要把原因都归咎于自己，只要从现在培养以客观角度看待自己和这个世界的能力，即便以后经历或目击到类似的事情，也都能够明智地处理。

以为自己没事了，
却一点儿也不

说短不短，一个月，被折磨得后遗症出现。
老师放任地袖手旁观，
两个月的时间里，
强烈的压力使我饱受健忘症和呕吐之苦。
我以为现在的我没事了，但跟亲近的人聊天后，
我才发现自己依然有事。

梁在镇　每个人在经历困难的时候，解决的方法都不一样。倘若经历连想都不敢想的困境时，有些人就算一点儿都不好，也会骗自己没事，企图把事情埋藏起来。年纪太小或是没有实质解决方法的情况下，更容易出现这种倾向。

在这种情况下，有时候会在跟某个人对话的过程中，发现自己埋藏在水面下的真实情绪，接着就会产生一种换气的效果，这是修复的必经之路。如果嘴上说着没关

系，把事件深埋心底，任凭时间流逝，你的内心依然会住着一个受伤的孩子。假使你已经发现自己的内心状态，就从现在开始找出解决问题和让心里受伤的孩子健康成长的方法吧！

梁在雄 孩子跌倒时，一般大人都会说："没关系，没什么大不了的。"这是为了不让孩子被吓到，为了安抚孩子。但如果孩子听到这句话就停止哭泣，可能日后就算说自己生病、说自己辛苦，大人们也只会做出如此的反应，这是一种错误的灌输。

有关系就该说有关系，在这种时候，身为大人本应该给予帮助，却反而教导了孩子"说没关系就会好起来"这样的错误观念。在这种情况下，孩子的心当然会无处安放。

严重的校园霸凌，甚至会让人感到生命受到威胁。无论是谁，在这种校园霸凌之下，都不可能没事。不管谁说了什么，只要自己认为有事就是有事，自己感到疲惫就是疲惫。在没有办法获得帮助的情况下，伤口和无力感肯定会倍增，所以就算再疲惫，也要鼓起勇气，别把事情埋在心里，去告诉身边的人，请求对方的帮助。

除了父母，你的身边一定还有善良的大人。把那些还没成熟的大人推到一旁，去寻找你可以和他分享故事的人，你一定可以找到会温暖包容自己的大人。如果你在心里筑起一道心墙，茫然若失不采取任何行动的话，任何人都无法靠近你，你永远也不会有机会说出自己的故事。不知道你的故事，就没人能对你伸出援手。

虽然不尝试就不会失败，但情况也不会改善。如果你因为校园霸凌而深受其害，请不要害怕反复试错。为了让自己真正没事，为了成为更好的自己，一定要为自己伸手求援。

梁在镇　校园霸凌是绝对不可轻忽的问题。若单纯基于无聊和有趣所做出的行为成为玩笑和游戏，最终会带给受害者终身无法洗去的屈辱和无力感，更甚者会让人感到生命受到了威胁，就像是青蛙被一颗无意中扔出的石头砸死那般。

主导校园霸凌的加害者，用一句话来形容就是尚未进化或缺乏学习，可以说隐藏着缺陷与未成熟的人类本性。虽然受迫害不是自己的错，但也希望你不要把所有的时间和能量，都消耗在自责或对加害者的恨与愤怒上。

梁在雄　如同前述，校园霸凌的加害者，多数是儿童虐待或其他校园霸凌的受害者——这也是另一个严重的问题。曾受霸凌的孩子，会加害更弱的对象，试图借此摆脱无力感。所以如果过去曾是霸凌事件的受害者，不管有没有陷入抑郁和畏缩，都要努力反观自己，确认自身心理状态：看看自己有没有为了摆脱无力感，以任何形式对他人行使力量。

可以抑制愤怒的额叶与前额叶，在二十岁后半期会进行最后的成长，这代表校园霸凌的年轻加害者与受害者，都有余力可以成长为更好的大人。为此，我们需要努力找到一位成熟大人和优秀典范作为人生的帮手。

即使是校园霸凌的受害者，也一定有足够力量可以摆脱过去的负面回忆，成为一位优秀的大人。请不要忘记，曾经是受害者的自己，也能成长为一位可以帮助他人的大人，要培养对自己的信任。

我已经厌倦
在朋友面前扮好人了

朋友们总是说，喜欢我带给人一种正能量的感觉，
但我的内心其实不是如此。
我好像一辈子都在假装没事、假装开朗，
现在我已经不知道真正的自己是什么样子了。
我对朋友和自己感到抱歉。

梁在镇 人生中，我们有时候会感到积极，但也有很多时候会因为负面想法而感到抑郁。在这个世界上，辛苦和痛苦的事情跟开心快乐的事情一样多。人生诸多瞬间，在遇到难关的时候会感到挫折，而渡过难关后也会迎来兴奋和幸福的时刻。

如果你形容自己"一辈子都在假装没事、假装开朗"，很有可能当你遇到辛苦或困难的事、心里受伤或有烦恼的时候，大多试图独自解决；也很可能当你在需要被理

解与安慰的时候，比起和其他人分享，反而选择假装没事，努力不让他人因你而产生不舒服的情绪或担心。

梁在雄 这种类型的人认为，比起展露自己真实的一面，展现开朗的一面更能照顾到对方的感受，而隐藏在背后的可能是这样的想法：如果我真实地展现自己的情感，人们可能会讨厌我，甚至离开我。所以，当别人称赞他们开朗时，他们也开心不起来，因为真实的他们并不只有开朗的一面。

更进一步说，若对方喜欢的是编造出来的样子，他们也很难确信对方的心是不是向着真实的自己。而且，想到自己不仅欺骗了对方，也欺骗了自己，还会感到愧疚。

如果与人分享悲伤和苦恼的经验不足，那么要向对方表现出悲伤和苦恼本身就是一件令人备感压力的事。即便真的跟对方分享了烦恼，可能反而还会让对方更加担心；你自己也可能害怕展现了负能量而非正能量，让对方感到失望，或者对你自己产生不一样的看法。

但至少从现在开始，要好好省察自己的想法和情绪，给自己一点儿时间，包容、承认真实的自己。每个人在这个世界上，都会很想获得他人的肯定与爱戴——小时候老师的一句称赞、收到一张奖励贴纸等小奖品就会让人非常开心。但是过度在乎他人的反应、太过迎合他人的期待，会让人开始回避负面的内在。

很多人会表现自己财力雄厚的样子；有些人会用掌握名誉和权力的模样来包装自己，想展现出自己开朗、正向、充满能量的样子。这种情况也是一样，因为害怕展现负面的自己，所以只想表现出正面的样子，选择隐藏或粉饰负面的自身。我完全可以理解这份心情。

但若如此继续专注于"外在的自己"，就会越来越背离"内在的自己"。再优秀的人也一定有缺点，就算心地再善良也会有气愤的情绪，别再继续压抑自己内在自然的情绪了。过分想当"好的自己"，便会在建立关系的时候，演变成只展露有限的自身，或是用防备的心态对待对方，最后导致难以与他人建立深厚的信任关系。

梁在镇 分享快乐，快乐就会加倍；分享悲伤，悲伤就会减半。我们的人生确实是这样，如果你至今从未体验过这件事，请从现在开始跟身边亲近的人吐露你面临的难题，通过分享，试着感受崭新的情绪体验吧！

即使没有获得自己想要的答案，也不要感到失望，把它当作"发现自己有这种期待"的契机。虽然一开始可能会有点儿难度，但是慢慢地，你一定可以建立一段温暖、灵活又健康的关系。

如果有需要，也可以通过心理咨询，尝试开放真实的自己，表达情绪。在这个过程中，可以确认自己是不是抱持着"不是开朗且正向的自己就无法被爱"这样的执念，如果是，请试着从成长背景中找出原因，并培养可以更深入、更真诚地与人互动的能力。累积几次情绪获得支持的经验后，"开朗但是不好的自己"也将会堂堂正正地在这世界上展现自我。

梁在雄 有个词叫"态度的价值"，意思是自身所选择的态度集合起来，会决定一个人的样子。因此，我们确实有必要追求正面的态度。

但如果放任自己内在负面的情绪不顾，久而久之，内心肯定会生病。面对负面情绪时，适度将它吐露给他人，借由情绪被接受的过程，我们便可以进一步建立更成熟的人际关系。

第 7 章

职场

——— 不要牺牲奉献，也不要落荒而逃

迁就对方的想法，
对方却没有用同样的方式了解你的想法。
本来因受了伤感到遗憾，
却选择用封闭关系的方式应对，
现在必须停止这一切了。

最根本的变化是要从自己做起。
对于感到不舒服的事情，
为了守护自己，开始练习提高嗓门吧！

别操之过急，也要让其他人慢慢适应，
慢慢地接受你的变化。

没办法长时间
在同一家公司工作

我已经到了三十而立的年纪，
却很难长时间在同一家公司工作。
难道是因为我充满好奇心，
对单调的工作容易感到无聊吗？
虽然我也没有到盲目地换工作的程度，
但在好多家公司任职过，还是反复面临相同的情况，
让我总是陷入无力感。

梁在镇 人们本来就倾向于把自己与生俱来或长时间持续执行的事务，接纳为人生中的一部分。很少有人会对为何自己生来是男或是女不断刨根问底，职业对于某些人来说也具有相同的特性。

长时间做同一份工作或持续做同一件事的人，会把工作当成自己的主干，只在其中谋求变化。例如，在职场上转换部门，或是用以前从未尝试过的方式执行业务，以不打破生活模式为前提，寻找新的目标或喜悦，从中获

得成就感。

梁在雄　平时喜欢陌生又新颖的东西可能没什么，但倘若因个性自由奔放，较难保有一开始的热情，也无法持续做同一件事，就很难被规定所束缚。在这种情况下，很可能也难以节制金钱或内在的能量。

与此同时，如果对危险较敏感，又有逃避危险的倾向，你的内在就会发生冲突。总而言之，就是**内心的不安感很强**。这样的人无法果断换工作，就算换了工作，也会周期性地感到倦怠。

梁在镇　改变物理环境或周遭人事相对容易，换工作就是一个例子。但是换工作只是改变了周围环境，并没有改变生活方式。如果换工作的同时，还持续着一直以来的生活方式，这就不是解决倦怠症的根本方法。

大多数人二十几岁时，就算没有长期计划也不会太焦虑，同时也不太会感受到长期计划的必要性。但从三四十岁开始，就会对未来越来越不安，虽然做自己现在想做的事，看似就是最明确的答案，但一想到未来，又会感到茫然。这份不安慢慢积累起来后，人就会变得无力。

如果你已经认清自己性格的优缺点，现在就开始试着从根本上改变自己一直以来的生活模式吧！做想做的事，同时慢慢和自己约定好未来。这个过程中你一定会感到抑郁——无论是谁，都会因为改变生活模式而焦虑，甚至会感到抑郁——也因此，有些人连尝试都无法办到。

梁在雄 改变，最重要的就是客观地观察现在的自己。如果性格比较冲动，容易被刺激的事物吸引，至少要先承认这一点，这么做可以在一定程度上稳定内心的不安。

人生没有正确答案，不管选择哪一条路，都有可能会对没有走的那条路感到后悔。但可以确定的是，只要在自己选择的路上全力以赴，就算挑战是失败的，它仍然会为下一次的挑战带来意义。

如果你还在犹豫要不要做什么事，就去挑战吧！为了让这个选择能够成为最棒的选择，竭尽所能地努力吧！即使失败，你也一定能看见历练后成长起来的自己。自己决定、执行并负起责任，反复经历这个过程，久而久之，便可以达到具体的自我实现。

主管离职，工作一定更累，
要跟着走吗?

公司的事情太多，每天都忙得不可开交。
除了个人的工作以外，还有公司定期系统性分派的工作，
在这种情况下，我的直属主管也打算离职了。
我不确定自己有没有能力承接那些工作，
我要在承担更多责任之前快点儿离职吗?

梁在镇　在职场中，是否有人能为你承担责任，必定对你形成不同的压力。面对没有经历过的事，我们总会害怕负责任，也会对未来状况感到不安和恐惧。面临这种茫然时，回想刚开始进公司时的情况会有帮助，因为曾是新人的我们，都经历过训练期，也曾经犯错、获得过负面反馈，通过这些经验，才渐渐拥有现在的能力。

因为直属主管的离职，对于未来被赋予的责任和工作压力感到害怕，这是一种预期性焦虑。如果是很相信或依

赖直属上司的人，这种感受又会更加强烈。如果可以，直接和主管敞开心扉好好谈谈会是个好方法，如此一来不但可以听取主管的经验，也可以从中获得对工作的自信。

梁在雄 有些刚入社会时经常犯错、无法获得好评的人，升迁上中阶管理层后，反而在管理位置上表现出卓越的工作能力。正如这个例子，在亲身经历前，绝对不可能知道自己的能力极限。如果你因为主管不在，担忧自己日后要负责的工作量、工作强度或职位压力，而在思考要不要离职，请稍微再忍忍吧！希望你至少能够直接面对那份工作，亲自感受和体验一下。

因为很可能实际上，自己比想象中更适合那个位子；而且就算最后撑不下去，选择离职，但积累起来的工作经验依然是自己的，对于去别的地方工作也会有很大帮助。

世界上有很多没尝试过就无法知道的事，自己对什么工作感兴趣、擅长做什么工作也是一样的。希望你能记得，在不同位置上，可能会发现自己也不知道的自身能力和优势。

经常因犯错被指责，
对自己感到很失望

我在工作上经常犯错，所以一直被责备。

这导致我信心动摇，感觉自己有诸多不足，

整天自我责怪，变得抑郁。

因为也没有可以敞开心扉谈心的人，真的好累。

我真的那么无能吗？

梁在雄　若在工作上反复犯错而备受指责，除了自信心会下降，也会讨厌起那样的自己。当你出现这个想法时，希望你先暂时放下那颗意志消沉的心，客观区分主管和下属的工作。

以主管的立场来说，其职责就是分配下属工作，然后给予相应的反馈。也就是说，不管工作成果杰不杰出，给予评价都是上司的工作。对于接受的人而言，这可能是种指责；但以主管立场来说，这却是他不得不给予的反馈。也许对主管来说，对你指责得越多，表示他尽到越多身为主管应负的责任。

梁在镇 不要忘记主管的指责是针对"工作"，而非"个人"。当然，如果其中掺杂了粗口等不适宜的言行，这一定是不对的，但除了上述情况，一定要分清楚主管所给予的反馈，不是针对个人的存在、性格、价值观，而是单纯针对工作成果所给予的反馈，要将其收下。

当然，主管也应该努力根据员工的性格或特性给予不同的反馈——有些人是越称赞做得越好，但也有人需要被准确地纠正。下属应该站在主管的立场思考，主管也要站在下属的立场思考，这是所有人都该做的努力。

梁在雄 绝对不要把主管对工作的指责，放进个人情绪或作为绝对的标准，这也只是源于主管所沿袭的方式而已，不代表就是正确答案。不过，为了适应当前的组织，这些方法也是必不可少的。

试图尽快把收到的反馈变成自己的东西，这样就算换工作到别的地方，也一定会有所帮助。与此同时，因为事情没有正确答案，所以也要继续思考更好的工作处理方式。不是因为他人的要求，而是自动自发地努力向上，这最后也会成为提升自尊的道路。

若能以此为基础，长时间在一个领域中工作，每个人都可以成为一定水平以上的专家。届时，能给予自己工作反馈的人就会消失，那个时候的你只能完全相信自己去执行业务——也就是说，所有责任都在自己的身上。所以，希望你记得，可以向他人学习的时间是有限的，能够让自己成长的时刻，只有当下。

尽管没做错事，却总是被主管责备，
该怎么面对？

远程办公时，我连上厕所的时间都没有，
主管却总是发消息检查工作，指责我不认真。
同事的速度比我慢很多，而且很马虎，
但主管只对我横加指责。
我应该怎么跟这种主管相处呢？

梁在镇 据说上班族换工作或离职最大的原因就是人际关系。也就是说，许多人都在职场上经历过人际关系的冲突和困境。不管做什么工作，都一定会有毫无理由就讨厌自己或是合不来的人。这种公式不限于职场，在社会上每个地方都一样存在，也就是说，无论何时何地，都会存在着对自己而言奇怪的人。

梁在雄 这句话的意思是 —— **人与人之间的关系，很大程度上会受到个人特质的影响**。可能会有人说："在职场上只要做好工作就行，人与人之间的关系有什么重要的？"但也有句话说"**最好的说服是感情上的呼吁**"，其实在职场上，如何建立与主管之间的关系，也是做好工作的重要一环。换句话说，为了在职场上与主管建立良好的关系，一样需要投入相应的时间和精力。

在组织里能拥有何种影响力，跟做出好成果一样重要。追根究底，与主管维持良好的关系，也是职场上不得不做的延伸业务。职场是人与人聚集的地方，即便大家的目的是工作，但是解决冲突或人际关系中的矛盾也非常重要，这项能力在工作评价中亦占据着很大的比重。

梁在镇　语言传递的信息，也就是我们说话的内容，只不过占对话影响力的 20%。沟通中的语气、表情、手势等非语言信息占了剩余的 80%，比前者更为重要。

也就是说，在只靠信息对话的传达过程中，很可能会产生误会。因新冠疫情肆虐导致居家办公增加，这种状况就更容易发生了。即便你不去厕所，认真工作，主管也可能不知道你付出过这些努力；再者，若主管比较直言不讳，连一点儿小错误都不愿意放过，还出言指责，就会使你更加失望，感觉受到了差别待遇。

梁在雄　语气具有攻击性且直言不讳的主管，可能是压抑自己情绪的那类人，所以他们表达起来比较生硬，这种主管在你跟他拉近情感距离的时候，会更容易打开心扉，也更可能建立良好的关系。反而是本身情感距离较近的主管，大多数情况下都会以工作成果作为评价依据。这是因为人在对方身上发现自己较生疏或不具备的东西时，更容易打开心门。

人们往往会像这样，被和自己不同的东西所吸引。同样地，如果在他人身上发现自己拥有的缺点，也就很容易讨厌对方，这可以说是一种投射。如果可以通过特别的契机交换彼此内心的想法，其实跟自己相近的人才会更了解自己，情感上也才能感觉更亲近。

如果你正在苦恼与主管之间的关系，希望你能想起这一点，从另一个角度看待主管，创造可以分享心里话的机会。表达自己失望的心情，也许可以成为改变关系的契机——因为你已经先打开了心扉。

压力大到快爆炸，
我好累

平时我很重视人际关系，
也很容易对他人的心情感同身受。
这样的性格好像导致我更容易承受压力，
当积累的压力爆发，睡意就会席卷而来。
我想在压力爆发之前，先稍微缓解压力。

梁在镇　如果你曾经有过生气时睡意席卷而来的经历，
这是大脑为了保护自己所启动的一种安全机制，由于你
经历了自己难以承受的极大压力，大脑发出了要身体和
心理进入休息的信号。在像这样爆发之前，更好的方式
是安静倾听自己的内心，并在平时就使用适合自己的方
式消除压力。

梁在雄　重视关系的人，经常会忽略自己的情绪，因为
把重点都放在和周边人事的关系上了，没办法专注于自

身的内在。这些人可能认为压抑自己的情绪对维持人际关系有益，但是结果很可能恰恰相反 ——因为人的忍耐和承受压抑都是有限度的。

也因此，我们偶尔会遇到平常情绪调节得很好，但最后忍无可忍，直接断绝关系这种行为模式。除此之外，有些人会出现消极抵抗的被动攻击行为，有的则是爆炸性地发火。

如果本身就是容易感受到压力的性格，再加上无法适时地缓解压力，积累之下最后才一口气爆发，这终究不是健康的人际相处方式。

在职场上也很可能出现相同的模式，到了忍无可忍的时候，比起从其中找寻解决方法，反而会选择直接换工作这样的极端方式。

工作时，即使再累我们也不能表现出来，看见身边那些工作任务更加繁重的人，总觉得自己很可能也会成为那个样子。如果你正身处这种境况，在做出换工作这种根本性的改变之前，应该要先试着向身边的人倾诉自己的状态和心境。请带着自信心，相信自己是公司不可或缺的人才，并用理性且具备逻辑的方式解释自己所处的境况，说服公司做出改变。

另外，要有意识地持续观察与照顾自己。对方未必会像我们照顾他们那样，回过头来了解我们的心情，在因此受伤和难过的同时，你应该先停止使用"断绝关系"的方式来应对问题。

慢慢试着思考，重视关系的自己是不是缺乏相对的独立性和主体性？这样的自己或环境，是否成了压力的来源？在不好的境况下，不要总是想着避开让自己觉得不愉快的人，或断绝与其的来往、对话。**就算自己的情感表达对某些人来说可能直言不讳，但该说的话还是要说**。为了保护自己并与他人或组织建立健康且长期的关系，我们必须承担这份不舒服，把话说出来 —— 当然是在遵守基本礼貌的前提下。

梁在镇 根本的变化要从自己开始，从现在开始练习放声说出让自己感觉不舒服的事物吧！不用太过着急，要让身边的人慢慢适应自己的变化。如此一来，大脑打开"睡眠"安全机制的次数就会渐渐减少。

专栏
精神病态与反社会人格

　　精神病态与反社会人格虽然不是正式医学诊断却广为人知，一般会被诊断为反社会人格障碍、自恋型人格障碍。

　　反社会人格者会侵害他人的权利，对于欺诈、说谎等行为毫无负罪感，不负责任；而自恋型人格者则会过度评价自己，为了成功不择手段。

　　精神病态者的对错标准和一般人非常不同，而且并不分明，"无负罪感"是他们的特征。由于他们无法感受到他人的情绪，所以也缺乏同理心。

反社会人格者的上述特征虽然不及精神病态者，但是他们相信自己的话就是真理，对自己充满自信；他们可以通过学习来理解他人的情绪，但缺乏对他人的真正的关心，非常以自我为中心。因此，他们绝对不会向他人寻求建议或咨询。从大部分的实际案例来看，自恋型人格障碍者很可能也是反社会人格者。

精神病态大部分的原因是大脑前额叶有先天性损伤，受生物学遗传因素的影响较大；但反社会人格则是受后天因素影响较大。如果说犯下杀人、抢劫、强奸等凶恶罪行的犯罪者，比较接近于精神病态，那么为了自己的成功，剥削、利用周遭人士的部分企业家、政治人物等，就更接近于反社会人格。

这与其说是医学分类，不如说是依据心理学统计做出的分类。并且由于"精神病态者"和"反社会人格障碍者"并非同时代创造出来的术语,所以很难完全区分二者,也没有太大的意义。如果说精神病态是文化产业中一个好用的、刺激性的素材,那么我认为反社会人格可以说是难以表达出自我信念的现代人弥补自我缺陷的方式。

其实反社会人格者在韩国社会上处处可见,如果你遇到一个内在非常具有剥削性格,但外在温和的好人——当某人有着两极化的评价时,他就有可能是反社会人格者。举例来说,网络漫画、电视剧《梨泰院 Class》(이태원클라쓰)中的赵以瑞就可以被视为反社会人格,但是从他会感受到对方的疼痛和痛苦上来看,在精神医学科上又很难被诊断为反社会人格。

反社会人格者可以清楚地知道自己的优点是什么,并以此利用他人。相对地,他们也不喜欢在他人面前暴露自己的弱点。此外,他们经常说谎,就算是为了自身成功或快乐而欺骗他人,也感受不到负罪感。比起珍惜他人,他们更多把人视为道具,因为如此更易于他们调节自己的情感。就算事情是因为他们而出错，他们也可以扮演受害者。反社会人格者比起提前做好计划，更喜欢冲动行事，也因此他们对所有事都容易迅速感到无聊，总渴望新的刺激。此外，他们的另一个特征是食欲和性欲都非常强。

如果想知道自己或身边的人是否属于反社会人格者，可以带入前面所述的反社会人格特征。但是正确的诊断还是只能由精神科做出，注意勿用不正确的推测怀疑没有问题的人。

第 8 章

恋爱

千万不可以爱到讨厌自己

●　●　●

表达喜欢的心意，
本身并没有错。
但竭尽所能表达自己的心意后，
对方就能感受到我想传达的意思吗？

如果人与人之间无法保持适当距离，
任何关系都无法长久。
为了建立一段好的关系，
需要保有足以维持自我独立性的内在空间，
只有这样做，恋情才能走得长久。

毫无保留地表达心意，
也有问题吗？

我只不过是表现出有多喜欢对方而已，
但不到一个月，对方就会冷掉，
所以我每次谈恋爱都没办法超过三个月。
身边的人都叫我不要表现得太过，
可是我一旦喜欢就会写在脸上，藏也藏不住。
我不能表露出自己很喜欢对方吗？

梁在雄　因为是两个不同的人在交往，所以恋爱是一件很困难的事。如果对方跟自己有相同心意是最好的，但假如对方没有，你难免会感到难过。若无条件盲目表达自己心意的时候，对方可以给予回应，那当然没问题，但现实中大部分情况不是这样的。

在无法知道对方全部心意的情况下，人们因为心怀不安，不太会吐露出自己的爱意。像这样不完全展露自己心意的行为，就是被称为"欲擒故纵"的恋爱技巧。在现实恋爱中，无论是"真诚表达自己"还是"像从未受过伤一样地爱一个人"，这些影视剧台词大多是行不通的。

梁在镇　如果反复经历给予对方全盘的爱却因此受伤的恋情，就要试着从自身找原因，说明你被吸引或喜欢的对象，性格上很可能跟自己恰好相反。或许就是因为你在不知不觉间，被不太会表达且漫不经心的人所吸引，才会反复出现相同的结局。

对于不善表达，或内心敞开速度较慢的人而言，可能会对你反复表达的爱意感到压力和负担。

梁在雄　当然，问题也可能出在对方身上。自尊较高的人，会原封不动接纳喜欢自己的人，同时也会喜欢他们；但是自尊较低的人，就很可能会轻视喜欢自己的人——因为他们自己都不喜欢自己，所以认为喜欢他们自己的人也同样没有价值。

或者也有可能是因为你陷入了自我怀疑，想着"到底为什么是我"的同时，不知不觉间被"恣意对待自己的人"，而不是"为自己好的人"给吸引了。

也就是说，到目前为止，你所交往的对象，很可能都是无法接受对方爱意且自尊较低的人。

向人表达情感的时候，都会同时存在阴暗面与光明面。表达自己喜欢的心意，就是期望获得某个人的心；但如果没有办法获得同等回应，无论如何都会感到惆怅。由于这份惆怅也会传达给对方，久而久之，关系就变得生疏，反复下来甚至可能使两人走向分歧。

梁在镇 表达喜欢的心意，并不是错误的行为。但竭尽所能表达自己的心意后，对方就能感受到我想传达的意思吗？我们必须站在对方的立场，理性地感受和考虑对方对我们的行为有什么感觉。**没有考虑对方感受的爱，几乎等同于暴力。**

大部分人的初恋失败，就是因为还无法控制自己的情感，在没有顾虑和照顾对方立场的情况下，只考虑自身情感，单方面地向前冲。**不仅恋爱，想要在所有人际关系中，表达出正确的情感，其实都需要练习忍耐。**

梁在雄　这也是为什么我们总说人际关系需要保持"适当距离"。如果人与人之间无法维持适当距离，任何关系都无法长久。为了建立一段好的关系，需要借由一点距离感，来保有维持自我人生独立性的内在空间。保持可以承受的健康距离，才能不给对方压力或产生怀疑，同时自己也不会感到费力或疲惫。只有这么做，恋情才能走得长久。

回想自己喜欢过的人，是否都是值得付出的人？想一下自己对待他们的方式，从过去的恋爱中找出问题点，通过反省，下一次可以谈一场更成熟的恋爱！

要怎么接受她的前男友？

偶然之间我听到女友的前男友，
是我平常很仰慕的前辈。
我因此追问女友为什么没跟我说。
在此之前我对她过去的恋情并不好奇也不嫉妒，
但是听到这个消息后，
女友和前辈的样子开始重叠在一起了。

梁在镇 前男友或前女友的问题，对恋人们来说就像潘多拉的盒子。从彼此的谈话或第三者身上听到这些事的瞬间，就无法再回到过去不知情的时候了。若前任比自己优秀，便会产生自卑感；但如果前任很糟糕，自己也不会太痛快。如果又涉及自己认识的人，冲击感就会更大。

若是偶然之间知道了恋人过去的情史，可以借由聊天分享这件事情。重要的是，不要去加以追究或过分想象，以免引起误会或怀疑。

梁在雄　大部分男性会比女性更在意前任的存在，就像人们爱说的："男人想成为女人的第一个男人，而女人想成为男人的最后一个女人。"

虽然不能一概而论，但大部分男性都会把自己对前任保有的想法和其代表意义，同样套用在现任女友与女友前任的关系上。如果你过分在意对方的前任，最好先确认自己对于前任是不是还有留恋或怜悯等心理上的联结，可以试着想想是不是自己把相同的心理状态，套用到了现任女友的身上，因而感到痛苦。

梁在镇　或者可能是自己把这份情感，投射在女友的前任身上，怀疑对方还有留恋。执着于过去，不断在意前任，不仅会令对方失望，对两人的关系也绝无益处。**如果不想要分手，就必须果断抛开她过去的故事。**

梁在雄　对方在你知道她前任之后，也还是同一个人。

如果你还是很喜欢现任女友，换个角度思考也是一种方法 —— 要不是她遇到过错的人，从过往经验中学习、变得更成熟，也不会有现在你所喜欢的样子。前任是现任伴侣变成熟的过程中所需要的人，也许我们应该要感谢过去那些人，成就了此时此刻的这个人。

人们遇到并爱上某个人，想要永远维持这段关系时，就会考虑结婚。接着在准备结婚的过程中，也会看见彼此的家庭环境。这就像是在面对那个人十岁到二十岁性格的养成因素一样。

然而在脱离父母的保护后，决定一个人的人生方向主要因素，就来自各种人际关系中积累的经验，而其中最重要的人际关系，就是恋人关系。换句话说，正是通过恋爱所学习到的经验和痛苦，现在我们所爱的人才变得完整了。

梁在镇　为了维持长远的关系，一定要承认：对方现在的样子，融合了她与前任们所度过的时间和回忆。所谓的交往就如同"即便如此也没关系"这句话，就算再喜欢对方，但若无法接受她与前任相爱的过去，是绝对无法继续交往的。

请你试着客观思考，知道女友过去事情之后的不适感，还有你对她的喜爱程度是否有改变。如果你能够承受，最好清楚地听她讲述之前的情史与别离。即便如此你还是喜欢对方，就可以继续交往下去。

男朋友对我身心施暴，
但我放不下

男友对我施暴。

虽然想跟他分手，但只要看到他哭着道歉，

我就会重新跟他交往。

同样的情况反复发生了好多次，

现在我如果说要分手，他就会威胁说要杀了我。

虽然那个样子的他很可怕，

但我还是会担心离开后，剩下孤独一人的男友。

梁在镇 所谓"约会暴力"，指恋人关系中发生的言语、情绪、经济、性、身体暴力。即便没有发生直接的身体暴力，通过自残威胁对方，也属于一种情绪暴力。

约会暴力加害者再犯的概率很高，更严重的问题在于——受害者举报后，受到报复性犯罪的可能性也很高。有些情况是受害者举报后，出于一些无法得知的原因，不愿处罚加害者。在这种情况下，倘若受害者不愿意，警察也难以将加害者处以伤害罪。

根据 MBC[1] 新闻报道，由于约会暴力增加，越来越多的国家开始制定特别规定。美国采取以受害者陈述即可逮捕加害者的义务逮捕制度（Mandatory Arrest Policy）——当受害者受到暴行时，即便没有目击证人，也可以逮捕加害者。英国从 2016 年开始，即便没有身体暴力，只要有强迫或控制的行为，最高就可以处以五年有期徒刑。日本从 2013 年开始，交往对象也适用于与家庭暴力加害者相同的法条。

反观韩国，从 2018 年就宣布要根除约会暴力，但根据警察局统计，这段时间的约会暴力申诉案件激增 40%。尽管已经制定了明确目标，实际应对措施却并未出台，受害者人数持续攀升。

约会暴力的加害者有几个特征，其中最明显的是"无法克制冲动"。在情绪兴奋的状态下，他们自我控制和压抑的力量较弱，会以言语、身体的暴力向外发泄，展现

---

1. 文化广播公司，韩国四大全国性广播机构之一。——译者注

无意识的欲望和冲动，这是一种通过行为将潜意识中的欲望或冲动完全展现出来的防御机制，从而不成熟地表达情绪。

此外，加害者大部分自卑感较强、自尊较低，可能认为对方无意的言语或行为是在贬低自己，并因此施展暴力。某种程度上他们认为自己比其他异性缺乏魅力，所以更容易嫉妒和猜忌。从人格特征来说，属于具有偏执型人格倾向或人格障碍。基本上这种类型的人非常多疑，多数情况下会发展成疑妻症或疑夫症。此外，也有很多人存在酒精、药物依赖或毒品成瘾的问题。

由于男性与女性生理上的差异，约会暴力与一般暴力事件不同，常会发生在动态关系中。由于发生在比任何关系都更具深厚情感交流的恋人关系里，所以即便不是只发生一次，甚或已成累犯，在多数情况下，受害者仍旧无法断绝关系，被对方牵着鼻子走。

梁在雄 约会暴力的加害者，许多曾是家庭暴力的受害者。他们借由对物理上较弱的对象展现力量，来弥补自己的无力感。

梁在镇　部分约会暴力的受害者还会陷入"拯救幻想"，担心连自己都离开施暴者，对方不知道会怎么样，陷入这种"自己可以改变对方"的错觉。这一类人从幼儿时期就无法理解与父母亲之间的冲突，所以后来会强迫性地重复冲突，如此演变成问题。只要看到加害者道歉，他们就会误以为对方真心悔悟而原谅对方，让情况一再重演。

梁在雄　如同前面所述，过去受到父母虐待的孩子，会认为一旦他们开始憎恨和拒绝父母，就会被抛弃。因此他们会将父母合理化成好人，将暴力视为爱。他们会有一套安全机制，让他们感觉比起对自己亲切温暖的人，控制自己、对自己执着的人，更能让自己感受到爱。对他们和蔼可亲的人会对他们形成压力，所以反而很难与他们产生感情。

总而言之，加害者是问题绝对的成因，但受害者也需要认识自己的问题。当暴力反复发生，却无法断绝关系时，受害者就有必要检视自己的情绪状态。如果发现自己无法离开具有强迫、责备、暴力倾向的对方，最要紧的就是尽快想办法切断关系并从头审视自己。

暴力受害者中有很多都具有害怕深层人际关系的回避型人格障碍（Avoidance Personality Disorder），对他人的戒心和高墙，使他们无法轻易与人建立关系。也因此，他们最终很可能会跟无视他人拒绝、持续靠近的非一般人，也就是情绪上较不健康的人建立关系。

对于受害者而言，由于好不容易才敞开心扉，会有无论如何都想接纳加害者的念头，而且加害者对于受害者会有非常强烈的占有欲。如果本身有点儿回避型人格，那么练习降低对他人的戒心，多跟人交流、培养看人的眼光非常重要。

梁在镇 这有点儿像小时候纯纯的爱 —— 对方就是我的一切，想要把一切都给对方。这种心意虽好，但倘若心态发展错误，演变成总是企图干涉与控制对方的衣着、发型、手机、人际关系，是绝对无法维持健康长久的交往的。要仔细观察自己有没有出现这种行为，或是对方有没有向自己提出这些需求。你不应该成为这样的人，也不应该与这样的人交往。

施暴的强度一开始可能很轻微，但是**只要见过一次对方暴力的一面，就应该果断收拾"想理解对方"的心情，立即逃跑**。迅速的举报和不妥协的强硬处罚，才能够根除约会暴力。

梁在雄 也必须摆脱"两人的关系独一无二"这样的错误前提，更好的人到处都是，有暴力倾向的人都是情绪不稳定的人，这种暴力随时都有可能朝自己袭来。认识到这个危险信号的当下，就应该尽快梳理这段关系了。

梁在镇 离开的过程当然不容易，甚至还因此出现了"安全离开"这样的说法。有很多情况下被害人持续被跟踪、被伤害、被威胁、被谋杀……甚至还会出现伤害家人或色情报复等胁迫。但不管怎样，可以肯定的是，如果不离开加害者，身边的人包括自己在内，都会变得越来越糟。

除了更换电话号码，必要时也得搬家。由于加害者会通过身边相关人联络受害者，所以要把自己的情况告诉所有身边的人，包含与加害者有关的人在内，告知他们不要联系自己。同时也要向警察申请保护令——只有完全断绝联系，才是安全离开的方法。

梁在雄 一定要准备好能够向身边人寻求帮助的机制，不要害怕建立关系，这也是为什么我们要多多与人交往的原因。即使你以前跟大家相处得很好，有暴力倾向的人大多会切断你的人际关系，企图独占你。对方不行使暴力的时候，可能会盲目对你好、为你奉献，所以你也可能会因此遵从对方的意愿。若陷入这种情况，即便你感知到对方具有暴力迹象，也会因为求助无门，自知身处深渊却无法逃脱。

自我的价值要由自己创造。跟什么样的人交往，也会成为判断自我价值的标准，希望你能够遇到一位正常的对象，谈一场完整的恋爱。

看分手对象动态，
对离别有帮助吗？

分手后我每天都会看一下前任的社交软件。

其实也不是有所留恋，

只是看着他没有我也能过得很好，心情就有些微妙。

当他上传意味深长的照片或文章的时候，

我也会很好奇里头的含义。

梁在雄　想知道分手对象过得好不好，并不是最近才突然出现的心理，只不过在社交媒体还没被发明之前，就算想知道也往往无从得知。人们从凌晨打电话或发短信问对方"睡了吗？"演变到看对方聊天软件的头像与状态，到现在，已经变成偷看对方的社交媒体动态了。

与过去不同的是，社交媒体出现后，就算两人分手也可以轻松确认对方的生活状态。因为不会再也见不到对方，可以说社交媒体让人与人的关系变得更加轻松。

梁在镇 想要结束一段比任何关系都更亲近的恋人关系，当然相对需要时间整理自己的感情。不过从很久之前就开始准备离别的人，离别后因为没有留恋，所以需要的时间比较短；而突然被告知要离别的一方，当然就需要更多的时间。

梁在雄 从这一点来看，查看前任的社交媒体也只是正常的离别反应之一。如果赋予这件事重大意义，就算再次交往，也许交往的当下会情深意切，但很可能不久之后就会后悔。

看分手对象的社交媒体，这种心态可以说是一种哀悼反应。 失去心爱的对象后，以健康的姿态克服这件事的方法，就是和许多人聊聊对对方的回忆。看社交媒体与此相似，这是在通过社交媒体整理过往一起度过的时光。

梁在镇 社交媒体是否能帮助自己忘记前任，这个因人而异。如果自己有自信可以慢慢地送走对方，那么继续看到自己的心意在某个瞬间麻痹了为止，也是一种帮助。

但若是看着对方过得好好的，自己反而越来越在意的话，这件事就变得毫无意义了。过分在意或留恋已经过去的关系，只会使自己痛苦。对方已经在现实中好好生活，所以你也要回归现实、努力好好生活了。只要认真思考自己是哪一种类型的人，选择适合自己的方式就可以了。

梁在雄　社交媒体上对方看起来过得很好，或许还有一些意味深长的信息，这是因为社交媒体本来就是"展现自己给别人看"的地方。在那里表现的常常不是真实的自我，社交媒体是一个期望获得他人关爱与担心的空间。如果把这些信息和自己联系起来，与其说是在确认对方的意图，不如说是在确认我们内心深处的渴望。

确认完自己的心意后，如果意识到自己还有无法控制的留恋，那么停止看对方的社交媒体，试着直接联络对方也是一种方法。不过就像前面所说的，你很可能会后悔，如同常言道："分手的情侣就算复合，最后还是会因为同样的理由分手。"

不过重要的是，意识到自己还有留恋，还有尚未表达的情感。人生只有一次，做不会让自己后悔的选择吧！倘若对方没有回应，就不要再让自己的心沉溺于过去的爱情了，那是对自己不负责的行为。

分手好痛苦，
难以忘怀那个烂情人

男友虽然劈腿，但是对我来说分手更痛苦，
所以尽管难受，我还是忍着继续和他交往。
我不知道怎么应付对我感到无奈的朋友们，
所以也和他们断了联系。
结果，男友反而因为负罪感说要跟我分手……
我要怎么做才能抹除这些不好的回忆，
回到从前？

梁在雄 自尊要在积累了各种喜欢自己的要素后，才会提升。恋人关系中，对方劈腿使自己痛苦难熬却选择忍耐与承受，通常是一个连自己都无法理解的决定。明知这是不可以做的选择，但行为跟不上理智，最后导致连自己也无法喜欢自己，如此一来，自尊当然也会下降。用一个词来形容就是——**"自残"**。

如前所述，无法与恣意对待自己的另一半分手，原因可能出在童年时期依恋关系的形成过程中。

父母在养育孩子时没有给予孩子安全感，忽视或虐待孩子，导致孩子只能选择自我洗脑；认为这也是爱而不去憎恨父母，因为只有这么做，才不会否定自我的存在。

在这种情况下长大成人，很可能就会在恋人或与他人的关系中重现相同的情况。也就是说，他们更可能选择留在那些对我们态度粗鲁的人身边，而不是那些对我们温柔体贴的人身边。

梁在镇　在恋人劈腿和夫妻外遇的情况中，双方立场完全不同。起初外遇被发现时，当事者大部分都会道歉，但这个举动的效果有限。单方面抱歉与埋怨的关系，短则持续一至两个月，长则三至六个月。

过了这段时期后，当事人会认为自己已经尽可能道歉，于是负罪感消失，殊不知这段时间对另一方而言仍然不够。随着时间流逝，双方立场的差异越来越大，关系也就更难维持下去了。

起初原谅对方时，内心还可能怀有对方日后会对自己更好的期待心理。由于这是自己所做的选择，你可能会尽力去承受，但见面时，或多或少还是会用表情、语气、手势表现出不满，或公然指责对方。然而以对方的立场来说，他认为自己已经竭尽全力地补偿了，接着可能就会因疲惫而想分手 —— 双方的立场就这样产生了分歧。

为了维持这段关系，若你已经决定要原谅另一半的外遇，从做出这个选择的当下开始，就不可以再向对方提及或怪罪外遇的事情。如果以自身的性格无法做到，那么不再维系这段关系才是正确答案。你要根据自己的性格做出选择。

假使你的内心饱受煎熬，却因分手很痛苦所以继续维持这段关系，导致自己跟身边所有对你无奈的朋友断了联络，就必须承认这一切都是自己的选择，同时也要知道这个选择不一定能保障这段恋人关系一直维持下去。

就算不是出于自身的意愿，关系也可能因为对方的决定而破裂。如果对方因为负罪感提出分手，很可能是他对于持续的道歉与被埋怨感到疲惫，或是爱情已经冷却、有其他异性出现等，因而提出的表面理由。就像你选择原谅对方外遇一样，他选择结束这段关系也是他作为伴侣的选择。

这时候你当然会认为"自己都原谅了他，他怎么还能做出这种事"，从而产生补偿心理。

但就像你起初选择原谅对方是为了自己一样，你也只能尊重对方的选择。如果他的选择是离别，就应该接受这份心意然后放下他，这样自己也才能迈出下一步。

梁在雄　其实不管是遭受劈腿还是外遇，对于当事人而言，都是不可宽恕的事情。原谅这个错误并不会让自己成为伟大的人，反而可能让自己成为一个不理智的人。对对方而言，搞不好也会认为这样的伴侣令人难以理解。

只有做出正常且正确的行为，恋人、身边的人才会喜欢你，最终你也才能够喜欢自己。也就是说，当对方外遇，不管出于什么原因，选择紧紧抓住要离开自己的另一半，肯定会使自尊下降。

做出这样的选择，本是为了让这场恋爱能够健健康康地走下去，但是我们一定要认识到这已是不正确的行为。**因为对方外遇而破裂的关系，没有任何方法可以挽回，也无法再次回头。**这段会唤醒背叛感的记忆，会被刻印在大脑里，无法轻易抹灭。

你应该好好思考，自己希望一定要挽回这段关系，是不是因为难以面对分手所以无法接受离别，而不是因为对方真的很好？

有时，人们因为害怕被抛弃而无法分手。可能是因为当前的环境中，没有其他可以投入精力的对象或目前正处在没有自信的状态；又或者不愿意让自己敞开心扉建立的关系被宣告失败，所以处在自恋性伤害之中。

要观察自己是不是因为被遗弃的不安全感太过强烈，才无法放下对方。在这种情况下，你早已经伤痕累累，现在的感情只是一种单纯的赌气而已，就算另一半改变态度、两人重新好好交往，其实关系也很难继续维持。

梁在镇 谈恋爱的结果可能是继续恋爱、结婚或分手，这三种情况没有所谓的成功与失败，不是只有走到结婚，这场恋爱才算成功。这三种结果，都只是恋爱最后可以自由走向的结局之一。若两人情投意合，可以继续恋爱或者结婚；若两人意见不合，那就走向离别。不管哪一种结局，都不是任何人的错，这些都只不过是恋爱的一个部分而已。

离别的当下与克服的过程，都是成为自我良药的一段时间。整理好跟恋人的关系后，度过一段独自生活的时间也很棒。去把过往花费在对方身上的时间投资在自己身上，保有充足的时间自我思考，唯有这么做，才能在接下来谈一场更健康的恋爱。

围绕着韩国精神健康医学的真相与误会

不愿意到精神医学科接受治疗的人，很大程度上是因为害怕就诊记录外泄对于工作或婚姻等方面造成负面影响。但是精神科的就诊记录，除了该家医院、健康保险审查评价院与国民健康保险公团（NHIS）以外，都无权查看。因为所有适用保险的诊疗，都必须发送相关数据给健康保险审查评价院和国民健康保险公团，而大部分精神科治疗都可适用保险，所以这两个单位一定会留下就诊记录，可即便如此，只要没有本人的同意，就算是家人也不能调阅。

假如还是不想留下记录，也可以通过非保险的方式，支付较高的个人自付额接受治疗，这样做的话，就只有治疗的医院会有记录。当然在这种情况下，医院之间也绝对不能共享就诊记录，只有该医院的主治医生可以调阅。

有一点需要区分，在医院或诊所接受精神科医师治疗，与在心理咨询室做心理咨询是不一样的。心理咨询室进行的咨询不属于医疗行为，每一家心理咨询室的费用都不一样，也不适用保险。

精神科治疗大部分适用保险，而心理咨询则会根据情况分为适用与不适用保险。三十分钟左右的咨询，由于无法进行精神分析，所以适用保险；但是进行精神分析治疗的咨询，就会以不适用保险的方式进行更长时间的咨询。至于要进行哪一种方式的治疗，先与专业医师见面后再决定即可。

虽然每个人之间有些差异，但是精神科医师是接受心理咨询与精神分析教育后，通过考试才可以执业的专业医师，所以专业水平都在一定程度之上。但是心理咨询室由于不是国家认证的，所以很难判断其专业水平，每位心理咨询师的能力差距较大。当遇到在心理咨询室首度接受咨询，反而因此受到伤害，导致后续逃避治疗的个案时，我经常会感到无奈。

此外，过去韩国只要有精神科诊断记录，就会发生直接被拒绝入保的情况，但是后来随着法律的修改，精神科治疗代码除了 F 以外，又新增了 Z 代码[1]，只要没有开药仅单纯接受咨询，就会被分类为 Z 代码，保险公司就会接受入保。

但是失眠、焦虑症、抑郁症等常见的疾病，无法避免接受药物治疗，所以这只是一条有名无实的法条。虽然保健福祉部劝告保险公司不得拒绝入保，但是保险公司并不太遵守，这是日后务必要改进的部分。

此外，我们也必须纠正对精神科药物治疗的偏见。韩国人过度喜欢效果没有得到证实的保健品，甚至到了把保健品当药卖的程度，因此有很多人反而对受到安全认证的药物产生排斥感。特别是精神科药物，很多人都会担心成瘾性，简单来说，就是害怕产生抗药性或依赖性，因为害怕一辈子都要服用药物，所以拒绝服用。

---

1. 在精神科领域，F 代码和 Z 代码是国际疾病分类（ICD）系统中用于描述心理健康状况和相关情境的代码类别。F 代码是 ICD-10 中用于分类精神和行为障碍的代码。Z 代码是用于描述与健康相关的因素。——编者注

治疗中一定涉及成瘾性的药物，但是精神科医师也不会轻易开这类药物。反而是外科等负责手术的科室，为了调节病患术后的焦虑、抑郁和睡眠障碍，会给患者开具成瘾性药物的处方。因此成瘾的患者在接受精神科治疗的时候，医生会逐步将有成瘾性的药物更换到无成瘾性的药物。

但这并不意味着要对所有有成瘾性的药物一概拒绝。对于惊恐障碍或抑郁症患者来说，初期的药物治疗必不可少。给抑郁症患者开的安眠药和抗焦虑药物处方，是为了调整患者的睡眠周期，目的是在抗抑郁药物的效果出现之前降低患者的焦虑。等到抗抑郁药物开始出现效果时，就会慢慢停掉抗焦虑药物，错误的睡眠周期一旦被矫正，也会逐渐降低安眠药的剂量。

也就是说，如果用药对于需要快速改善症状的患者而言是更合适的处方，我们仍会使用具成瘾性的药物，但绝对不会长时间使用。另外，包含抗抑郁药物在内，精神科开具长期处方的药物中，也有很多不会对身体造成伤害。因此，对于更年期后患有抑郁症的情况，持续服用抗抑郁药物会对患者有所帮助。

"精神科药物一吃就要吃一辈子""吃药的话智商会下降"都是没有根据的误会，所有药物都一定有它的疗效和副作用，这句话的意思就等同于"没有副作用的药就不是药"。我们不应该只针对精神科的药物加诸偏见，因而错过治疗的黄金时间。

抑郁症、躁郁症、失眠、焦虑症、思觉失调症、强迫症等大部分精神疾病，就跟其他病症一样，最重要的是按时接受药物治疗。如果太晚接受治疗，就会经常复发，或是使症状变得更复杂，只会使治疗越来越困难。治疗最重要的就是尽快开始。

韩国有着特别讨厌吃药的文化。要知道药品都需要经过完整的临床试验验证疗效后才可以推出，希望大家不要再依赖没有确切根据的保健品或其他民间疗法，把病症越拖越严重。

图书在版编目（CIP）数据

以为自己没关系 / （韩）梁在镇，（韩）梁在雄著；
蔡佩君译. -- 北京：国文出版社，2024. -- ISBN 978
-7-5125-1812-4

Ⅰ．B849.1

中国国家版本馆 CIP 数据核字第 2024T758T8 号

北京市版权局著作权合同登记 图字：01-2025-2474 号

以为自己没关系

作　　者	〔韩〕梁在镇　〔韩〕梁在雄
译　　者	蔡佩君
责任编辑	戴　婕
责任校对	崔　敏
出版发行	国文出版社
经　　销	全国新华书店
印　　刷	三河市中晟雅豪印务有限公司
开　　本	880 毫米 × 1230 毫米　32 开
	7.5 印张　　　　　　100 千字
版　　次	2025 年 7 月第 1 版
	2025 年 7 月第 1 次印刷
书　　号	ISBN 978-7-5125-1812-4
定　　价	52.00 元

国文出版社

北京市朝阳区东土城路乙 9 号　　　　邮编：100013

总编室：(010) 64270995　　　　传真：(010) 64270995

销售热线：(010) 64271187

传真：(010) 64271187-800

E-mail：icpc@95777.sina.net